Springer-Lehrbuch

Gisela Härtler

Statistisch gesichert und trotzdem falsch?

Vom (Un-)Wesen statistischer Schlüsse

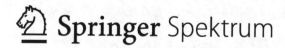

Gisela Härtler
Berlin
Deutschland

ISSN 0937-7433
ISBN 978-3-662-43356-0   ISBN 978-3-662-43357-7 (eBook)
DOI 10.1007/978-3-662-43357-7

Mathematics Subject Classification (2010): 00A09

Die Deutsche Nationalbibliothek verzeichnet diese Publikation in der Deutschen Nationalbibliografie; detaillierte bibliografische Daten sind im Internet über http://dnb.d-nb.de abrufbar.

Springer Spektrum

Springer Spektrum ist eine Marke von Springer DE. Springer DE ist Teil der Fachverlagsgruppe Springer Science+Business Media
www.springer-spektrum.de

Vorwort

Dieses Buch wendet sich an alle diejenigen, die das Gedankengebäude der mathematischen Statistik kennen lernen möchten, ohne sich dazu in ihre Formeln und Herleitungen vertiefen zu müssen. Es wendet sich auch an die, die der mathematischen Statistik und ihren Schlüssen skeptisch gegenüber stehen, weil sie ihre Methoden als Rezepte willkürlicher Herkunft empfinden oder weil ihnen der Zugang zur Theorie über die Mathematik, aus welchen Gründen auch immer, versperrt ist. Und schließlich auch an die, die durch unsachgemäßen Umgang mit den heute sehr leicht anzuwendenden und ebenso leicht fehlanzuwendenden Methoden immer wieder falsche Resultate produzieren. Dieses Buch ist der Versuch, die Funktionsweise der mathematischen Statistik allgemein verständlich zu erklären, und das ohne die normalerweise wesentlich dazu gehörende Mathematik. Eigentlich hat dieses Buch seinen Ursprung in meinem Zorn über die vielen, heute sehr populären und üblichen „Studien", die irgendeine „neue Erkenntnis" ebenso oft bestätigen wie widerlegen. Dieser Umstand wird dann „der Statistik" als einer sowieso unzuverlässigen Methode angelastet. Deshalb der Untertitel „Vom (Un)-Wesen statistischer Schlüsse". Allerdings habe ich mich diesbezüglich sehr zurückgehalten, es gibt einfach zu viele Beispiele.

Ein Synonym für die mathematische Statistik ist das Wort Stochastik. Es bedeutet „die Kunst des Erratens". Das drückt bereits das Wesentliche treffend aus. Die mathematische Statistik ist eigentlich nur eine Häufigkeitsanalyse, die sich das Gesetz der großen Zahl zunutze macht. Sie ist dennoch eine sehr wichtige Methode der empirischen Informationsgewinnung und wird auf vielen Gebieten angewendet. Eigentlich ist sie sogar die einzige derartige Methode. Ihr Anwendungsgebiet ist außerordentlich breit. Es erstreckt sich von gesellschaftlichen Fragen bis hin zur Physik. Dabei hat sich ihre Terminologie den verschiedenen Wissensbereichen manchmal etwas angepasst. Das erweckt den Anschein, als gäbe es verschiedene Ansätze. Doch hinter allen steht ein einheitliches Gedankengebäude, das den Schluss von beobachteten Daten auf vermutete Gesetzmäßigkeiten ermöglicht. Dabei ist die Berücksichtigung der zufälligen Einflüsse das Wesentliche. Die Ergebnisse einer statistischen Auswertung sind deshalb nie „garantiert richtig", es gibt immer eine „Irrtumswahrscheinlichkeit", was wohl so manchen stören mag. Aber wo gibt es schon Erkenntnisse, die garantiert „wahr" sind und wie kommt man zu ihnen?

Die Anfänge der Statistik lassen sich bereits in der weit zurückliegenden Vergangenheit nachweisen. Zuerst gab es nur die beschreibende Statistik. Nachdem die Wahrscheinlichkeitsrechnung ein gewisses Niveau erreicht hatte, hat sich die Stochastik herausgebildet. Das geschah hauptsächlich im 20. Jahrhundert. Heute entstehen durch die immensen Möglichkeiten der digitalen Datenverarbeitung neue Methoden, z. B. die explorative Datenanalyse, die aus riesigen Datenmengen das Wesentliche herauszufiltern sucht, ohne viele Annahmen treffen zu müssen. Trotzdem gibt es noch immer unzählige Untersuchungen, die sich auf die Auswertung mittlerer oder kleiner Stichproben stützen müssen und dazu die „klassische" Stochastik brauchen. Das Anliegen dieses Buches ist es, die Funktionsweise der Stochastik allgemein verständlich zu erklären. Ich hoffe, es ist mir einigermaßen gelungen.

Berlin, im März 2014   Gisela Härtler

Inhaltsverzeichnis

Einleitung

1

Vor einigen Jahren war ich in Wien. Auf einer der bekanntesten Straßen, dem Graben, sprach mich ein junger Mann an: Er mache eine „Umfrage" und wolle gern wissen, welches Sonnenöl ich benutze. Ich konnte ihm seinen Wunsch nicht erfüllen, denn ich verwende kein Sonnenöl und kenne diese Produkte gar nicht. Er erfasste mich unter der Rubrik „kein Sonnenöl". Er war sympathisch, also fragte ich ihn, wozu er das denn wissen möchte. Er sei ein Student und solle für seine Abschlussarbeit eine „Umfrage" durchführen, also Daten sammeln und auswerten, und auf diese Weise die Beliebtheit einiger bekannter Sonnenöl-Marken „messen". Er wolle künftig in der Marktforschung arbeiten und brauche das Material für einen Abschluss im Fach Statistik. Ich setzte meinen Weg fort und kam zum Stephansdom. Dort sprach mich eine junge Frau an. Sie fragte, ob ich mir Fernseh-sendungen über das Kochen anschaue und falls ja, welche. Leider konnte ich auch ihr nicht antworten, da ich kein sonderliches Interesse an solchen Sendungen habe. Auch sie war Studentin und brauchte diese Befragung für ihre Abschlussarbeit. Ich glaube, in Wien war es gerade Mode, dass die Studenten ihr Studium mit einer „Umfrage" abschlossen. Dazu lernten sie Statistik, eigentlich schön, denn es ist mein Fach.

Danach begann ich, darauf zu achten, wer, wo und worüber „Umfragen" oder „statistische Untersuchungen" durchführt, und auch darauf, von wem, wo und wie über die Ergebnisse berichtet wird. Ich durchsuchte Tageszeitungen und Zeitschriften, aber keine wissenschaftlichen Publikationen. Mich interessierte, was untersucht wird, wie die Daten gesammelt und ausgewertet werden, und in welcher Form dann über die Resultate berichtet wird. Was kommt wie im alltäglichen Wissen an?

Das Ergebnis war nicht gerade zufriedenstellend. Beinahe jede Tageszeitung schreibt täglich über die Ergebnisse irgendwelcher Umfragen oder „Studien". Meist geht es um Fragen der Gesundheit, um Prophylaxe, die Nebenwirkungen von Arzneimitteln u. ä. Aber auch um Gewaltverbrechen, Verkehrsunfälle usw. Es werden auch Teile von Statistiken zitiert, wie Einkommensverteilungen, Alterspyramiden, Aktienkurse und dergleichen. Al-

G. Härtler, *Statistisch gesichert und trotzdem falsch?*, Springer-Lehrbuch,
DOI 10.1007/978-3-662-43357-7_1, © Springer-Verlag Berlin Heidelberg 2014

lerdings waren in allen Fällen die Angaben so unvollständig und die Zahlen so wieder gegeben, dass sie zu Fehlinterpretationen verführten. Und sie werden selten richtig interpretiert. Meistens wird aus ihnen eine möglichst „spannende" Aussage abgeleitet oder eine „spannende" Prognose abgegeben. Der Hintergrund der Informationen bleibt ziemlich unklar. Doch die Informationen werden als wahr und unstrittig dargestellt. Gezweifelt wird nie. Man erfährt bei den üblichen Prognosen z. B. über die Wirtschaftsentwicklung zwar das Institut, das die Prognose erarbeitet hat, nicht aber das zu Grunde liegende Denkmodell und die berücksichtigten Einflussfaktoren, geschweige denn die statistische Sicherheit der Prognose. Da sind die Wettervorhersagen bereits viel besser. Alles das führt beim Leser zu einem Allgemeinwissen, das viel mit „Allgemein" und wenig mit „Wissen" zu tun hat. Er erlebt zu oft, dass dieses „Wissen" falsch war und schiebt das dann auf die „lügenhafte Statistik". Hat er Recht?

„Wissen", das aus Beobachtungen folgt, ist und war immer schon die Grundlage aller unserer Theorien, so abstrakt sie im Laufe der Jahrtausende auch geworden sein mögen. Es ist sehr wertvoll, weil es sich auf die Realität stützt, d. h. auf beobachtete Daten, also auf Messungen, Zählungen oder Befragungen. Und es stützt sich auch auf die statistische Auswertung. Dabei geht es immer um Quantitäten: Wie groß ist eine Veränderung? Wie häufig kommt ein bestimmtes Ereignis vor? Ist ein Risiko klein genug? Solches „Wissen" ist zwar „nur" empirisch, kann aber, richtig interpretiert, zu wichtigen Einsichten führen. Es zeigt quantitative Gesetzmäßigkeiten, bestätigt oder widerlegt Vermutungen und kann eine Theorie stützen oder nicht. Dieses „empirische Wissen" ist nie garantiert richtig, also nie mit Sicherheit „wahr". Es ist aber auf der Grundlage der Beobachtung „plausibel". Es ist so etwas wie das Ergebnis eines juristischen Indizienprozesses, auch dieser findet am Ende nur die „plausibelste Erklärung" und nicht „den Beweis" im strengen Sinne. Die Methoden zur Erlangung solchen „Wissens" sind in beiden Fällen voller Fallen und Tücken. Deshalb erfordert die Anwendung der entsprechenden Methoden größte Sorgfalt.

Die beiden Wiener Studenten führten ihre Befragungen nur studienhalber durch und die ermittelten relativen Häufigkeiten der Beliebtheit von Sonnenölen oder Fernsehsendungen hatten sicherlich keine weiteren Auswirkungen. Um die Resultate solcher Befragungen ernsthaft verwerten zu können, müssen die Daten nach einem sorgfältig angelegten Plan erhoben werden. Er richtet sich nach dem Ziel der Untersuchung. Es müssen die richtigen und in ihrer Häufigkeit richtig zusammengesetzten Personengruppen befragt werden und es müssen vor allem genügend Personen befragt werden. Die allgemeine Beliebtheit von Sonnenölen lässt sich z. B. nicht im Seniorenheim oder in einer Schulklasse ermitteln, denn es sind nur bestimmte Bevölkerungsgruppen, die gelegentlich Sonnenöle benutzen. Ähnliches gilt für Kochsendungen, auch hier ergibt die ausschließliche Befragung von einigen wenigen Passanten keine sinnvolle Information (denn die wahren Fans dieser Sendungen sitzen zu Hause und sehen fern). Vor allem aber muss der Datenumfang ausreichen, damit das Ergebnis verlässlich ist. Die Daten müssen sorgfältig und mit Sachkenntnis ausgewertet werden. Und dennoch kann ein solches Ergebnis nie „absolut genau" und „sicher" sein. Es besitzt nur eine gewisse „statistische" Sicherheit, dass es in einem bestimmten Bereich liegt, und die sollte man kennen und richtig bewerten können.

Viele Berichte über die Resultate von Studien, die an die Allgemeinheit gelangen, sind ziemlich unvollständig. Natürlich wäre es viel zu kompliziert, alles detailliert zu beschreiben. Aber manchmal werden die Resultate dadurch geradezu fragwürdig. Man bietet sie dem Normalbürger als „Fakten" an. Die Kriminalitätsentwicklung z. B. wird gern in der Form einer „Rate" ausgedrückt, und zwar als Steigerungsrate in Prozent zum Vorjahr (über Abnahmen wird nicht berichtet). Was daran auszusetzen ist? Angenommen, in einer kleinen Gemeinde geschah im Vorjahr ein Verbrechen und im laufenden Jahr waren es zwei, dann ist dort die „Verbrechensrate" um 100 % gestiegen! Furchtbar! Was soll man aber schreiben, wenn es im Vorjahr gar kein Verbrechen gab und im aktuellen eines? Streng genommen müsste man durch Null dividieren und erhielte eine unendlich große Wachstumsrate der Kriminalität in dieser kleinen Gemeinde! Ganz anders in einer großen Gemeinde. Dort bezieht sich die Rate auf viele Einwohner und es gibt logischerweise auch viel mehr Verbrechen. Man kann eine solche „Rate" zwar verwenden, aber, um sie richtig zu verstehen, müsste man auch die absoluten Zahlen (Einwohnerzahl, Zahl der beobachteten Delikte) kennen und vor allem auch Definition dessen, was man als „Delikt" zählt. Und man darf die Kriminalitätsentwicklung von Gemeinden unterschiedlicher Größe anhand solcher Raten nicht so einfach vergleichen.

Die Anwendung statistischer Methoden ist ein fester Bestandteil der empirischen Forschung und beschränkt sich damit keineswegs auf Marktforschung oder Kriminalitätserfassung. Ihre Methoden braucht man fast überall, in der Soziologie und Physik, in der Medizin und Arzneimittelforschung, in der Qualitätssicherung und zu Risikoabschätzungen, und auch in der Makro- und Mikroökonomie, usw. Wir sagen stolz, dass wir heute in einer „Wissensgesellschaft" leben. Das stimmt schon: Um die Erde kreisen Satelliten und ermöglichen eine superschnelle weltweite Kommunikation. Laboratorien sequenzieren die DNA von Lebewesen, auch von längst ausgestorbenen Spezies. Klimabeobachtungen und die Analyse von Materialproben erlauben es, den Gehalt an CO_2 und anderen Elementen in unserer Atmosphäre abzuschätzen. Man beobachtet das Abschmelzen von Gletschern und analysiert die Spuren chemischer Elemente im Eis aus längst vergangenen Zeiten. Riesige Maschinen ermöglichen es, Teilchen fast mit Lichtgeschwindigkeit aufeinander zu schießen, um dadurch die grundsätzliche Struktur unseres Universums besser zu verstehen, neue Elementarteilchen nachzuweisen und schließlich das Geheimnis der Gravitation erklären zu können. Soziologie und Ökonomie ermitteln Fakten, die das Funktionieren einer Gesellschaft oder gesellschaftliche Spannungen erklären. Man versucht, die Funktionsweise im und den Erkenntnisprozess durch das menschliche Gehirn zu verstehen. Ununterbrochen vermehren wir das Wissen über uns und unsere Welt, überprüfen und korrigieren unsere Denkmodelle. So versuchen wir ständig, die grundlegenden Gesetzmäßigkeiten der sehr komplexen Welt zu verstehen. Bei all dem wird beobachtet, gezählt und gemessen, so dass riesige Datenmengen entstehen. Wir besitzen leistungsfähige und schnelle Computer und können damit der Datenflut gerecht werden. Auf der Grundlage vielfältiger Experimente und Berechnungen prognostizieren Klimaforscher die weitere Entwicklung des weltweiten Klimas, beginnen Hirnforscher die Komplexität des menschlichen Gehirns zu verstehen, schätzen Astronomen die Anzahl und Ausdehnung von

Galaxien, usw., usw. Es sind immer Daten, für einen speziellen Zweck ermittelt, die das vorhandene Wissen stützen, mehren oder es in Frage stellen. Diese Daten werden sehr sorgfältig ausgewertet und die Risiken falscher Folgerungen sauber abgeschätzt. Das Anwendungsgebiet der Stochastik, was wörtlich „die Kunst des Ratens" bedeutet, ist riesig. Es ist die methodische Basis einer ständigen Wechselbeziehung zwischen Theorie und Empirie, die im Laufe der Jahrhunderte auch zu den heutigen, sehr detaillierten Kenntnissen über das *Wie* und *Warum* der materiellen Welt beigetragen hat.

In der Bevölkerung und im Alltag allerdings haben statistische Methoden, hat „die Statistik" (zumindest in Deutschland) keinen guten Ruf. Das Ergebnis so mancher Studie, z. B. aus den Sozialwissenschaften oder der Medizin, findet sich in den Medien wieder. Aber die Resultate von Untersuchungen mit ähnlichem Ziel widersprechen sich zu oft. Es entsteht der Eindruck, empirisch lasse sich alles „beweisen". Das Misstrauen wächst, zumal bekannt wurde, dass manche „Studie" sogar manipuliert worden ist. Es gibt nicht nur die kriminelle Manipulation, sondern auch eine unbewusste. Sie entsteht, wenn der Auftraggeber einer Studie sich ein bestimmtes Ergebnis wünscht, es sogar erwartet, aber, weil er die Tücken der statistischen Analyse zu wenig kennt, es unbewusst in die Daten hinein projiziert. Das Misstrauen gegenüber der Statistik drücken einige bekannte Bonmots aus: „Ich traue nur der Statistik, die ich selbst gefälscht habe", oder „Was ist die Steigerung von Lüge? Lüge, gemeine Lüge, Statistik". Der häufigste Grund für Fehlschlüsse ist, dass die Untersuchung nicht sorgfältig genug geplant oder stümperhaft ausgewertet wurde. Das Computerzeitalter hat es mit sich gebracht, dass auch die statistische Auswertung einfacher geworden ist. Es existiert leicht zugängliche Software für statistische Auswertungsmethoden, die so einfach zu handhaben ist, dass jeder seine Daten sehr leicht mit irgendwelchen Methoden „auswerten" kann, auch derjenige, der die Methoden nicht durchschaut. Er wird aber sein Resultat nicht richtig bewerten können.

Wenn auch die meisten der heute bekannten Fehlurteile in empirischen Studien dem leichtfertigen Umgang mit statistischen Methoden zugeschrieben werden können, so wohnt den mit Hilfe der Stochastik erhaltenen Resultaten naturgemäß eine Unsicherheit inne: Ihre Resultate beruhen auf Zahlen, die Beobachtungen *zufälliger* Größen sind. Das führt mit einer gewissen Wahrscheinlichkeit zu einem falschen Schluss. Man muss von dieser Wahrscheinlichkeit wissen und sie so klein wie möglich machen. D. h. man muss das richtige Wahrscheinlichkeitsmodell zu Grunde legen, eine wirksame Auswertungsmethode wählen, den Datenumfang groß genug und den Versuch so gut wie möglich planen. Es besteht immer die Gefahr, einem statistischen Resultat zu blind zu vertrauen. Aber wie käme man anders zu dieser Information? Es gibt keinen anderen Weg zum „Wissen" als durch Theorie und Beobachtung. Viele quantitative Aussagen können wirklich nur aus beobachteten Daten, die zufallsbedingt streuen, abgeleitet werden. Dazu braucht man eben eine hinreichende Kenntnis der statistischen Methoden. Wenn eine Theorie durch Daten bestätigt wird, erweist sie sich dadurch zwar mit einer großen Wahrscheinlichkeit als zutreffend, aber ihre „Wahrheit" wird trotzdem nicht „bewiesen". Wenn die Daten der Theorie widersprechen, ist die Theorie mit einer größer gewordenen Wahrscheinlichkeit unzutreffend, aber auch nicht mit „Sicherheit" falsch. Darin drückt sich die Relativität unseres Wissens aus. Was wir heute wissen, kann morgen überholt sein und durch eine neue Theorie besser erklärt werden. Die Geschichte der Wissenschaft bestätigt diese Evolution ihrer Theorien.

Die auch in einer breiten Schicht der gebildeten Bevölkerung bestehende Unkenntnis über die Wirkungsweise der Stochastik und das Misstrauen ihren Resultaten gegenüber hat mich bewogen, eine allgemeinverständliche Darstellung der wichtigsten Aspekte zu wagen. Ich möchte versuchen, die Funktionsweise der Stochastik bzw. der mathematischen Statistik möglichst allgemeinverständlich und ohne Formeln zu beschreiben und dabei auch ihre Tücken nicht zu verschweigen. Es geht mir nicht um die Methoden der beschreibenden Statistik, sondern um die so oft missverstandenen Mechanismen des statistischen Schließens, also der Stochastik.

Statistik – das ist ein weites Feld

*Die Statistik ist uralt. Mit ihr zählte, maß und beschrieb man einst
die Mengen von Objekten, die den Herrscher interessierten, also
Vorräte, Anzahl der Untertanen, Soldaten usw. Diese „beschreibende
Statistik" existiert heute als offizielle Statistik. Sie sammelt die Fakten
möglichst vollzählig und stellt sie dar. In der Antike bemerkten
Gelehrte das „Gesetz der großen Zahl". Sie wiederholten ihre
Messungen und berechneten daraus den stets genaueren Mittelwert.
Nachdem die Wahrscheinlichkeitsrechnung entstanden ist,
entwickelte sich auch die mathematische Statistik, die Stochastik.
Diese sammelt die Daten in Stichproben, berücksichtigt ihre
Zufälligkeit und schätzt Größen, auch abstrakte. Sie produziert
empirisches Wissen.*

2.1 Was das Wort „Statistik" so alles bedeutet

Bis ins späte 19. Jahrhundert verstand man unter dem Begriff „Statistik" ausschließlich die
beschreibende Statistik. Sie war ein Bestandteil der „Staatenkunde". Im Brockhaus-Lexikon
von 1819 [2] heißt es zum Begriff Statistik: *Zwei große Kreise bilden den Umfang der ge-
schichtlichen Wissenschaften. Der Kreis der Vergangenheit und der Kreis der Gegenwart. . . .
Von jenen beiden Kreisen der Zeit aber wird der Kreis der Vergangenheit durch die Geschichte, der Kreis der Gegenwart durch die Statistik und Geographie dargestellt.* Diese Statistik,
die man einst Teil der „Wissenschaft über die Gegenwart" nannte, bezeichnen wir heute
als „beschreibende Statistik" und verstehen darunter meistens die amtliche Statistik. Na-
tionale und internationale Institutionen sammeln Daten über Bevölkerung, Wirtschaft,
Politik, Geographie usw. Diese Daten sollen den gegenwärtigen Zustand der Gesellschaft,
des Landes u. ä. möglichst vollständig beschreiben. Die dabei entstehenden Tabellen und

G. Härtler, *Statistisch gesichert und trotzdem falsch?*, Springer-Lehrbuch,
DOI 10.1007/978-3-662-43357-7_2, © Springer-Verlag Berlin Heidelberg 2014

Diagramme selbst werden auch *Statistiken* genannt und beziehen sich immer auf die ihnen zu Grunde liegende reale Gesamtheit. Städte ermitteln z. B. das Alter *aller* Einwohner, meistens unterteilt in Altersgruppen. Deutschland ermittelt z. B. die *gesamte* Stromerzeugung, unterteilt nach Energieträgern. Alles das sind Statistiken. Viele Menschen, einfache Bürger, aber auch Personen, die sich gern öffentlich äußern, verstehen unter dem Begriff „Statistik" ausschließlich solche Datensammlungen, also Ergebnisse der beschreibenden Statistik. Seit etwa dem Anfang des 20. Jahrhunderts hat sich daraus, durch die Wahrscheinlichkeitsrechnung befruchtet, die *mathematische bzw. schließende Statistik* oder *Stochastik* entwickelt. Sie soll der Gegenstand unserer Betrachtungen sein. Doch zunächst bleiben wir noch etwas bei der beschreibenden Statistik.

2.2   Von prähistorischen Strichlisten und Lotosblumen

Jede Datensammlung ist das Ergebnis von Aktivitäten wie Zählen, Messen oder Wiegen. Man hat Relikte solcher Daten aus der sehr weit zurückliegenden Vergangenheit gefunden. Heute vermutet man, dass das archaische Denken zunächst sehr bildhaft war und hauptsächlich durch die Beziehungen des Einzelnen zur Natur (Nahrung, Sonne, Regen) und zur sozialen Gemeinschaft (Geburt, Tod, Stamm) geprägt worden ist [6]. Irgendwann muss der Mensch begonnen haben zu zählen. Einer der vermutlich ältesten Funde, der das vorzeitliche Zählen belegt, ist ein Wolfsknochen, in den 55 Kerben eingeschnitten sind. Er soll 25 000 bis 30 000 Jahre alt sein. Die ersten 25 Kerben sind in Gruppen zu je 5 angeordnet sind, so, wie mancher Kellner noch heute die Anzahl der Biere auf Bierdeckeln notiert. Dieser Knochen wurde 1937 in Věstonice (Mähren) gefunden [1, 3, 6, 8, 10], siehe Abb. 2.1. Es gibt noch weitere Knochenfunde mit ähnlichen „Kerbungen". Einige davon sind im Buch von Wußing [10] abgebildet. Später ließ die Kommunikation zwischen den sozialen Gruppen Schriften, und damit auch die entsprechenden Zeichen für Zahlen, entstehen. So findet man z. B. schon in alt ägyptischen Bilderschriften Darstellungen von Mengen. Auf einer Schminkschatulle aus der Zeit von 2850 v. u. Z. sind 6 Lotosblumen dargestellt, was insgesamt die Bedeutung von 6000 Gefangenen haben soll, denn eine Lotosblume bedeutete 1000 Gefangene. Auch das ist eine Statistik.

2.3   Auch die Bibel berichtet von statistischen Erhebungen

In der Bibel findet man mehrere Berichte über statistische Erhebungen. Im Alten Testament (2. Samuel 24, 4) heißt es:. . . *„Also zog Joab aus und die Hauptleute des Heeres von dem Könige, dass sie das Volk Israel zählten. . .".* Es folgen die Orte und Völker, die gezählt wurden. Im gleichen Kapitel (2. Samuel 24, 9) findet man dann. . . *„Und Joab gab dem Könige die Summe des Volkes, das gezählt war. Und es waren in Israel acht hundert mal*

Abb. 2.1 Wolfsknochen aus den Höhlen des Mährischen Karst, nach [3]. (Dieses Bild stammt ursprünglich aus [1])

tausend starke Männer, die das Schwerdt auszogen; und in Juda fünf hundert mal tausend Mann". Das ist eine mehr als 3000 Jahre alte Statistik! Im Neuen Testament schildert das Lucas-Evangelium, Kap. 2, die Geburt Christi. Dort heißt es: *„Und es begab sich aber zu der Zeit, dass ein Gebot vom Kaiser Augustus ausging, dass alle Welt geschätzet würde. Und diese Schätzung war die allererste, und geschah zu einer Zeit, da Cyrenius Landpfleger in Syrien war. Und jedermann ging, dass er sich schätzen ließe, ein jeglicher in seiner Stadt"*. Wieder eine statistische Erhebung, nämlich der Bericht über eine Volkszählung, die vor mehr als 2000 Jahren stattgefunden hat!

Tab. 2.1 Die Daten beschreiben einige Eigenschaften Deutschlands 2005 [7]

357 023 km² Fläche	82 495 000 Einwohner	15 % unter 15 Jahre	16,8 % über 65 Jahre

2.4   Die offizielle Statistik beschreibt auch noch heute die Welt

Heute fasst die beschreibende Statistik *u. a.* die kollektiven Eigenschaften der von ihr vollständig erfassten Objekte zusammen. Eine solche Statistik enthält z. B. folgende Angaben für die Betrachtungseinheit (das Objekt) „Deutschland" (im Jahre 2005; Tab. 2.1):

Das sind konkrete Daten, also Zahlenangaben, die einige Eigenschaften Deutschlands beschreiben. Man kann diese Zahlen mit denen aus anderen Jahren oder aus anderen Ländern vergleichen und z. B. untersuchen, wie sich der Prozentsatz der unter 15 jährigen oder der über 65 jährigen im Verlaufe der Zeit entwickelt hat. Diese Angaben sind Tatsachen, an denen man, vorausgesetzt die Daten sind korrekt erhoben worden, nicht zweifeln kann. Anders ist es, wenn abstrakte Größen angegeben werden sollen, die sich der direkten Beobachtung entziehen, wie z. B. Risiken. Dazu braucht man die *Stochastik* bzw. die *mathematische* oder *schließende Statistik* .

2.5   Die Stochastik misst auch abstrakte Größen, wie Risiken, Trends oder Korrelationen

Die gegenwärtige Gesellschaft informiert sich immer häufiger über immer mehr Aspekte ihres Alltags. Es geht nicht mehr nur um das Erfassen konkreter Größen, sondern auch um abstrakte Größen, z. B. um Risiken. Diese lassen sich nicht direkt beobachten, sondern nur schätzen. Man ist bemüht, eine vermutete Gesetzmäßigkeit „statistisch" nachzuweisen, eine wissenschaftliche Hypothese „auf ihre Signifikanz hin" zu prüfen, usw. Die moderne Gesellschaft, die sich ziemlich selbstgerecht und anmaßend gern „Wissensgesellschaft" nennt (was wird man wohl in 500 Jahren dazu sagen?), stützt viele ihrer Entscheidungen auf solche Größen, also auf Risiken, Trends oder Korrelationen. Diese sind der direkten Beobachtung nicht zugänglich, denn es sind *kollektive* Eigenschaften, meist von *gedachten* Kollektiven. Eine solche Größe sagt nichts über den Einzelfall aus. Im Straßenverkehr gibt es ein Unfallrisiko. Es wird z. B. in Berlin jährlich auf der Basis der Anzahl der Unfälle im vorangegangenen Jahr geschätzt. Die ermittelte Zahl bezieht sich auf *alle* Teilnehmer am *gesamten* Straßenverkehr. Um die Wahrscheinlichkeit eines Unfalls schätzen zu können, müsste man die ermittelte Zahl von Unfällen auf die gesamte Anzahl der Teilnehmer am Straßenverkehr beziehen. Doch das ist schwer, denn es gibt Fußgänger, Radfahrer, Motorradfahrer und Autofahrer und sie alle sind nur zeitweilig unterwegs. Zudem spielt das Wetter eine Rolle, es gibt Sonnenschein, Regen, Nebel, Schnee und Eis. Angenommen, alles das könnte „im Mittel" berücksichtigt werden, dann könnte man die Wahrscheinlichkeit für Unfälle aus den Daten in der zurückliegenden Periode schätzen. Mit diesem Wert kann man jedoch prinzipiell nicht vorhersagen, ob eine bestimmte Person Opfer des Straßenverkehrs werden wird. Denn das „Risiko" ist eine abstrakte Eigenschaft, die nur für das am Straßenverkehr teilnehmende gesamte *Kollektiv* gilt. Es realisiert sich zwar individuell bei demjenigen, der in einen Unfall verwickelt ist, kann aber nur für das Kollektiv „aller Verkehrsteilnehmer" ausgedrückt werden. Man kann das Risiko verringern, indem die Straßen in einem guten Zustand gehalten werden und indem für eine vernünftige Verkehrsordnung gesorgt wird. Die Größe des „Risikos" muss aber bekannt sein, wenn die Stadtverwaltung die Wirksamkeit ihrer Maßnahmen bewerten oder verschiedene Jahre vergleichen soll. Um einen Unfallschwerpunkt zu erkennen, braucht sie die Zahl der Unfälle bezogen auf einzelne Straßenabschnitte, Kreuzungen usw. Dazu muss man die Daten lokal erfassen. Dann lässt sich die Unfallhäufigkeit lokal bewerten und auch die Frage beantworten, ob die ermittelte Zahl im Rahmen der normalen Schwankungen liegt oder ob sie an dieser Kreuzung im Vergleich zu anderen wesentlich erhöht ist. Zur Beantwortung derartiger Fragen brauchen wir die schließende Statistik oder Stochastik. Mit ihrer gedanklichen Grundlage werden wir uns im Folgenden ausführlich befassen.

2.6 Das Gesetz der großen Zahl

Die Basis statistischer Schlüsse ist das Gesetz der großen Zahl. Es ist ein universell geltendes Gesetz und wirkt auf zufällige Messfehler und relative Häufigkeiten. Jede Messung ist unvermeidbar mit einem zufälligen Fehler behaftet. Misst man eine Größe mehrfach und bildet den Mittelwert der Messergebnisse, so ist dieser in einer größeren Anzahl von Messungen genauer als in einer geringeren. Das wusste man schon in der Antike. Wußing [10] zitiert den Bericht des Historikers Thudydikes (455–396 v. u. Z.). Dieser schrieb: „... *und mochten sie sich irren, so musste doch die Mehrzahl die rechte Summe treffen, zumal sie öfters zählten"*. Gibt es ein zufälliges Ereignis, das mit einer bestimmten Wahrscheinlichkeit eintrifft, z. B. die Wahrscheinlichkeit dafür, dass ein Neugeborenes ein Mädchen ist, so lässt sich auch diese Wahrscheinlichkeit auf der Grundlage einer großen Zahl von Beobachtungen genauer schätzen als auf einer kleinen. Es gibt Hinweise darauf, dass die Menschen schon in sehr früher Zeit Erfahrungen mit dem Zufall und der Wahrscheinlichkeit hatten und wussten, dass man mit einer großen Anzahl von Beobachtungen eine gesuchte „undeutliche" Größe besser erkennen kann als mit einer kleinen. Die mathematische Fassung des Gesetzes der großen Zahlen (es gibt mehrere davon, ein starkes und ein schwaches) geht vermutlich auf Jakob Bernoulli zurück. Er formulierte es 1713 in seiner Schrift *Ars conjectandi* (die Kunst des Vermutens). Dieses Gesetz wurde von vielen Mathematikern weiterentwickelt, bis es im 20. Jahrhundert Chinchine und Kolmogorov (1925) in der heutigen Form formulierten, und zwar mit der erforderlichen mathematischen Strenge. Dass das Gesetz der großen Zahl funktioniert, hat an Wahlabenden anhand der im Fernsehen übertragenen Prognosen für die einzelnen Parteien wohl jeder schon einmal beobachten können. So lange die Anzahl der ausgezählten Stimmen klein ist, liegen die ermittelten Stimmenanteile der Parteien meistens noch weit weg von den endgültigen Prozenten. Mit der wachsenden Zahl ausgezählter Stimmen wird die Unsicherheit immer kleiner und verschwindet zuletzt, denn sie nähert sich dem endgültigen „wahren" Wert, der nach der Auszählung aller Stimmen feststeht.

2.7   Stochastik oder die „Kunst des Erratens"

Der Begriff Statistik hat sich im also Laufe der Zeit beachtlich erweitert. Im Unterschied zum Brockhaus von 1819 [2] sieht z. B. die 1998 herausgegebene Hutchinson Encyclopedia of Science [5] die Statistik als ein Teilgebiet der Mathematik, das der Sammlung und Interpretation von Daten dient. Auch im Zeit-Lexikon von 2005 [4] wird die Statistik als Teilgebiet der Stochastik (griechisch, als die zum Erraten gehörende Kunst) bezeichnet. Die Stochastik ist ein Komplex von Begriffen und Sätzen aus der Wahrscheinlichkeitstheorie und mathematischen Statistik. Sie ist die Brücke, die von den beobachteten Daten zu einer verallgemeinerten statistischen Aussage führt. Die Brückenpfeiler sind dabei die beobachteten Realisierungen der zufälligen Größe und ein mathematisches Modell. Die Gesetzmäßigkeiten der zufälligen Größen lassen sich durch wiederholtes Messen oder Beobachten herausfiltern, denn auf sie wirkt das Gesetz der großen Zahl. Das mathematische Modell dabei ist ein Wahrscheinlichkeitsmodell, das die zufälligen Größen enthält und dessen Gültigkeit vorausgesetzt werden muss. Die Stochastik als die „zum Erraten gehörenden Kunst" ermöglicht es, aus den Daten jene Antworten zu extrahieren, nach denen gesucht wird. Das geschieht z. B. in vielen der heute sehr beliebten empirischen Studien, deren Ergebnisse so oft in Zweifel gezogen werden. Laut *Wikipedia* (von 2011) [9] ist die Statistik die Lehre von Methoden zum Umgang mit quantitativen Informationen (den Daten). Sie schafft die Möglichkeit, quantitatives empirisches Wissen zu gewinnen oder theoretische Aussagen abzuleiten, sowie ein vorgeschlagenes Modell durch Beobachtungswerte zu verifizieren.

2.8   Von der Stichprobe zur Häufigkeitsverteilung

Der Gegenstand empirischer Studien ist vielgestaltig. Es muss sich dabei nicht immer um wichtige Fragen handeln. Das zeigen auch die in der Einleitung genannten Umfragen zu Sonnenölen oder Kochsendungen. Die Studenten sollten herausfinden, *in welchem Maße* die verschiedenen Sonnenöle oder Kochsendungen in der Bevölkerung bekannt und beliebt sind. Es wird also nach der relativen Häufigkeit von Menschen gesucht, die das Sonnenöl A oder B oder ... bevorzugen oder überhaupt keines benutzen. Alle Befragten zusammen bilden eine *Stichprobe*. Entsprechendes gilt für die Kochsendungen, dort wird nach der

Abb. 2.2 Häufigkeitsverteilung (Histogramm) der
Sonnenöle

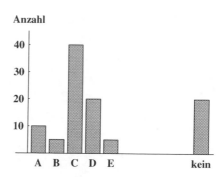

relativen Anzahl von Menschen gesucht, welche die Sendung A, B, . . . bevorzugen, oder
überhaupt keine. In beiden Fällen bilden alle Befragten zusammen 100 % des Kollektivs, das
eine Stichprobe der dort anzutreffenden Menschen ist. Was man eigentlich sucht, ist aber
die Verteilung der Merkmale A, B, . . . in der gesamten Bevölkerung, der *Grundgesamtheit*.
Denn derjenige, der die Untersuchung veranlasst hat, möchte auf der Grundlage dieser
Daten entscheiden, ob er für gewisse Sonnenöle intensiver werben muss, ob er bestimmte
Marken vom Markt nehmen sollte, usw. bzw. ob bestimmte Kochsendungen gemocht oder
nicht gemocht werden. Wie man von einer solchen Stichprobe auf die gesamte Population
(die Grundgesamtheit) schließt, ist das Anliegen der Stochastik. Das Resultat der Umfrage
ist das Datenmaterial. Daraus ergibt sich eine *Häufigkeitsverteilung*, die nach der Befragung
von 100 Personen die in der Abb. 2.2 dargestellte Form haben könnte, die Form eines
Histogramms.

   Bekommen die Auftraggeber dieser Studie, die auf ihrer Grundlage entscheiden wollen,
die gewünschte Antwort? Nicht unbedingt. Die Auswahl der Befragten ist zwar zufällig,
aber an dieser Stelle Wiens trifft man hauptsächlich Touristen in bevorzugten Altersklas-
sen. Sind 100 Befragte genug? Für die 6 Möglichkeiten (A, B, C, D, E, kein Sonnenöl)
sind 100 Befragte keine große Zahl. Um einigermaßen sichere statistische Schlüsse ziehen
zu können, müsste sie wohl größer sein. Auch bei der Zusammensetzung der Stichprobe
müssen gewisse Regeln eingehalten werden. Die Stichprobe soll sich so zusammensetzen,
wie es der zu untersuchenden Zielgruppe entspricht, sie soll „repräsentativ" sein. Würde
eine Umfrage über die in Europa üblichen Sonnenöle in Sydney durchgeführt, wäre das
für den europäischen Markt nicht repräsentativ. Die Stichprobe wäre auch nicht repräsentativ, wenn nur Kinder oder Übersechzigjährige befragt würden. Ob die Stichproben der
Wiener Studenten repräsentativ waren, das darf bezweifelt werden.

2.9 Messwerte, Fehlerrechnung und Glockenkurve

Nach diesem Beispiel des Ermittelns einer Häufigkeitsverteilung wenden wir uns nun einem weiteren typischen Anwendungsbereich der Statistik zu, nämlich der Reduzierung des
Einflusses von Messfehlern durch die Fehlerrechnung. Ungefähr seit dem 17. Jahrhundert

Tab. 2.2 Häufigkeitsverteilung von Messwerten

Messwerte im Bereich (cm)	Strichliste	Anzahl
97,5–97,99	I	1
98,0–98,49	IIIII I	6
98,5–98,99	IIII	4
99,0–99,49	IIIII III	8
99,5–99,99	IIIII I	6
100,0–100,49	IIIII IIIII I	11
100,5–100,99	IIIII	5
101,0–101,49	IIII	4
101,5–101,99	IIII	4
102,0–102,49		0
102,5–102,99	I	1

benutzt die Naturwissenschaft in wachsendem Maße Messgeräte. Ihre Genauigkeit ließ oft zu wünschen übrig. Man weiß schon sehr lange, dass man durch Wiederholungen von Messungen und ihre Mittelung die Genauigkeit verbessern kann. Carl Friedrich Gauß hat seit 1794 im Zusammenhang mit der Beobachtung des Planetoiden Pallas die Methode der kleinsten Quadrate entwickelt, verwendet und 1809 publiziert. Es geht um Folgendes: Ein unbekanntes Maß soll bestimmt werden, etwa eine Entfernung. Dazu stellt man sich vor, dass die wahre Entfernung der gesuchte Messwert ist, zu diesem ist aber stets ein zufälliger Fehler addiert. In einer langen Messreihe wird der Mittelwert aller zufälligen Fehler fast Null, weil sich die Fehler ausgleichen. Der gemittelte Messwert nähert sich dadurch dem wahren Wert. Die Häufigkeitsverteilung aller Messfehler folgt (unter bestimmten Bedingungen) einer Gaußschen Normalverteilung. Sie ist allgemein als Glockenkurve bekannt. Stellen wir uns vor, wir hätten eine Kante von 100 cm in 50 Wiederholungen gemessen. Das Ergebnis könnte die folgende Strichliste sein, siehe Tab. 2.2.

Hätten wir diese Kante viel öfter gemessen und hätte unser Messgerät keinen systematischen Fehler, so würde sich aus so einer Strichliste eine symmetrische Häufigkeitsverteilung in Glockenform entwickeln, deren Mittelwert eine Schätzung der wahren Kantenlänge ergibt. Die Breite der Häufigkeitsverteilung würde etwas über die Genauigkeit unseres Messgerätes aussagen. Im Unterschied zu den vorherigen Beispielen müssen wir hier die Messwerte in Zahlenbereiche einsortieren, denn unser Maß ist eine kontinuierliche Größe. Im Sonnenöl-Beispiel ging es um die möglichst genaue Ermittlung relativer Häufigkeiten, hier interessiert uns der mittlere Messwert. Um einen Messwert auf diese Weise genau genug zu bestimmen, muss die Stichprobe groß genug sein und das Messgerät darf keinen systematischen Fehler haben. Wie groß die Stichprobe sein muss, das hängt von der Genauigkeit der einzelnen Messungen ab (der Streuung der Messwerte) und natürlich auch von der gewünschten Genauigkeit des Mittelwertes.

Abb. 2.3 Kreisdurchmesser und Kreisumfänge zur Schätzung von π

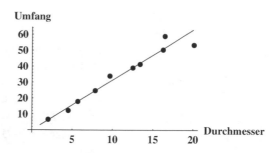

2.10 Die empirische Bestimmung von Konstanten

Die auf Beobachtungs- oder Messwerten beruhenden statistischen Methoden können auch zur empirischen Bestimmung unbekannter Konstanten verwendet werden. Angenommen, wir wüssten nicht, dass das Verhältnis des Kreisumfangs zum Durchmesser konstant und gleich π ist. (Der Wert von π ist mit 4 Stellen nach dem Komma gleich 3,1416, π ist eine irrationale Zahl und heute bis auf mehr als eine Billion Stellen bekannt.) Schon Archimedes (287–212 v. u. Z.) hat die Konstante π angenähert bestimmt, indem er eine obere und eine untere Schranke für π durch ein in den Kreis eingeschriebenes und ein den Kreis umschreibendes 96-Eck berechnete. Wir sind also ziemlich ungebildet, wissen nichts über die Konstante π und wollen sie empirisch mit Hilfe der Statistik bestimmen. Dazu könnten wir die Durchmesser und Umfänge mehrerer Kreise messen und die Ergebnisse in einem Koordinatensystem grafisch darstellen. Das mögliche Ergebnis zeigt Abb. 2.3. In ihr sind über den 10 gemessenen Durchmessern verschiedener Kreise ihre Umfänge dargestellt. Der Anstieg der Ausgleichgeraden ist linear und ungefähr gleich π. Wollten wir dabei eine bestimmte Genauigkeit der Schätzung von π ereichen, so wäre es notwendig, auch die Anzahl der Messungen und ihre Genauigkeit richtig zu wählen. Im Gegensatz zu der im absoluten Sinne geltenden Genauigkeitsgrenze von Archimedes kann der nach unserer Methode berechnete Wert mit einer bestimmten Irrtumswahrscheinlichkeit falsch sein. Das ist die wesentliche Eigenschaft statistisch bestimmter Größen. Doch es wird wohl kaum jemand auf die Idee kommen, die überaus gut bekannte Konstante π auf unsere Weise zu bestimmen! In der Praxis existieren jedoch viele unbekannte Abhängigkeiten, die man nur statistisch bestimmen kann. Auch dazu braucht man die Stochastik.

Statistische Untersuchungen beruhen immer auf Beobachtungswerten. Wenn es Daten aus einer Stichprobe oder Messwerte sind, gibt es immer den Einfluss des Zufalls. Durch das Gesetz der großen Zahl wissen wir, dass die Auswirkung des Zufalls mit wachsender Anzahl von Beobachtungswerten abnimmt. Während es in der beschreibenden Statistik hauptsächlich darum geht, das Charakteristische der Daten dem jeweiligen Zweck der Untersuchung angemessen als Tatsache auszudrücken, geht die Stochastik weiter: Sie sucht nach allgemeineren Aussagen und muss deshalb den Zufallseinfluss berücksichtigen, dem die Daten unterliegen.

Wichtige Begriffe

Beschreibende Statistik	Sammelt Daten, berechnet aus ihnen charakteristische Größen und stellt sie dar.
Schließende Statistik, mathematische Statistik	Sammelt Daten in Stichproben, sieht sie als Realisierungen zufälliger Größen an und schätzt daraus charakteristische Größen.
Stochastik	Griechisch: Kunst des Erratens. Synonym für mathematische Statistik.
Häufigkeitsverteilung	Absolute oder relative Anzahl aller beobachteten Werte.
Histogramm	Grafische Darstellung der Häufigkeitsverteilung.

Literatur

1. Absolon, K.: Dokumente und Beweise der Fähigkeiten des fossilen Menschen zu zählen im Mährischen Paläolithikum. Artibus Asiae. **20**(2–3), 123–150 (1957)
2. Brockhaus Lexikon, Leipzig.: (1819)
3. Detlefsen, M.: Kerbknochen und Kerbhölzer. Wissenschaft und Fortschritt. **27**, 396 (1977)
4. Die Zeit.: Das Lexikon in 20 Bänden. Zeitverlag Gerd Bucerius & Co., Hamburg (2005)
5. The Hutchinson Encyclopedia of Science. Helicon Publ. Group Ltd, Oxford (1998)
6. Klix, F.: Erwachendes Denken, S. 204. Deutscher Verlag der Wissenschaften, Berlin (1985)
7. Redaktion Weltalmanach (Hrsg.): Der Fischer Weltalmanach 2005. Fischer Taschenbuch, Frankfurt a. M. (2006)
8. Struik, D. J.: Abriss der Geschichte der Mathematik. Deutscher Verlag der Wissenschaften, Berlin (1961)
9. Wikipedia (2011)
10. Wußing, H.: 6000 Jahre Mathematik, Bd. 1, S. 75. Springer, Berlin Heidelberg (2008)

Was und wie die „beschreibende Statistik" beschreibt

3

> Die beschreibende Statistik sammelt Fakten, möglichst komplett, fasst
> sie zusammen und stellt sie dar. Die Vielfalt dessen, was gesammelt,
> statistisch erfasst und beschrieben wird, ist groß. Es gibt eine sehr
> große Zahl von Möglichkeiten, gesammelte Daten grafisch
> darzustellen oder Ergebnisse durch nur wenige Zahlen auszudrücken.
> Wichtig ist die übersichtliche Darstellungsform der Daten. Sie darf
> die gewonnene Aussage nicht verzerren.

3.1 Was sich so alles erfassen lässt

Fast alles, was von allgemeinem Interesse ist, wird irgendwo statistisch erfasst und doku-
mentiert. In fast jedem Land gibt es zentrale statistische Ämter, diese zählen die Einwohner,
ermitteln ihr Alter, ihre Einkommen, die Haushaltsgrößen usw. Andere erfassen Fahr-
gastzahlen, Verspätungen der Bahn, Stromausfälle, Krankheiten. Die durchschnittlichen
Lebenshaltungskosten werden mit Hilfe eines typischen „Warenkorbs" geschätzt. Um derartige Statistiken zu erstellen, werden in einem ersten Schritt die Rohdaten erfasst und
gespeichert. Diese beruhen auf einer genauen Definition des interessierenden Objekts und
der dabei interessierenden *Merkmale*. Dann wird die jeweilige Anzahl ermittelt, mit der
jedes spezielle Merkmal in der Gesamtheit vorkommt. Erfasst man z. B. das Merkmal „Familieneinkommen" für das Objekt „Bewohner des Dorfes X", so muss klar zu erkennen
sein, um welches Dorf es sich handelt, wie viele Einwohner es hat und in wie vielen Familien sie leben. Dann werden die Familieneinkommen ermittelt, z. B. in Klassen, die
nach der Einkommenshöhe gebildet sind. Das sind die Rohdaten, die in einer Datei gespeichert werden. Man weiß danach u. a., wie viele Familien es gibt und wie viele davon
jeder der Einkommensklassen angehören, z. B. der zwischen 1000 und 1500 € monatlich.

G. Härtler, *Statistisch gesichert und trotzdem falsch?*, Springer-Lehrbuch,
DOI 10.1007/978-3-662-43357-7_3, © Springer-Verlag Berlin Heidelberg 2014

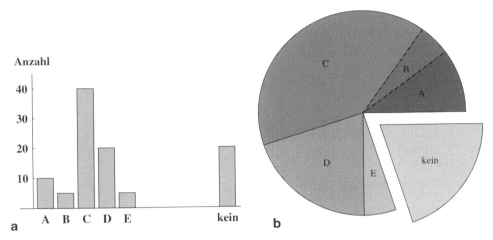

Abb. 3.1 a Histogramm der Sonnenöl-Beliebtheit. **b** Tortendiagramm der Sonnenöl-Beliebtheit

Solche Daten werden für verschiedene Zwecke gebraucht. Anders als früher hat heute jeder Bürger (er sollte es eigentlich haben) das Recht, solche Daten einzusehen. Es ist auch deshalb wichtig, die Daten so aufzubereiten, dass ihr Inhalt von jedermann richtig erkannt und verstanden werden kann; das Ergebnis soll richtig, klar und allgemeinverständlich sein. Dazu gibt es viele Möglichkeiten. Zwei Beispiele haben wir schon kennen gelernt: Abb. 3.1 zeigt links das Histogramm 2.2, das die Anzahl aller Befragten angibt, die das gleiche Sonnenöl bevorzugen, Abb. 2.3 ist ein Diagramm, das die beobachteten Werte der Durchmesser und Umfänge der verschiedenen Kreise als Punkte in einem 2-dimensionalen Koordinatensystem darstellt.

3.2 Einige der übliche Formen, Daten darzustellen

Abbildung 3.1 zeigt links eine Häufigkeitsverteilung. Sie entstehen in den meisten Anwendungen der beschreibenden Statistik. Es geht darum, wie sich die Individuen eines Kollektivs (alle Passanten, die von unserem Studenten befragt worden sind) in einem bestimmten Merkmal (welches Sonnenöl sie mögen) unterscheiden und wie viele davon zu den verschiedenen Gruppen gehören. Am Ende der Untersuchung steht dann die Häufigkeitsverteilung. Ihre Darstellungsmöglichkeit ergibt sich aus dem Typ der untersuchten Größen. Die Sonnenöle sind Marken, also ein qualitatives Merkmal, die in unserem Beispiel A, B,..., E heißen. Das Ergebnis der Umfrage ist die Beliebtheit der verschiedenen Marken unter den Befragten. Solche Daten lassen sich gut als ein Histogramm (Abb. 3.1, links) darstellen. Es sind aber auch andere Darstellungsformen möglich, z. B. als *Tortendiagramm*; Abb. 3.1, rechts, zeigt diese Möglichkeit im Vergleich.

Welche Form man wählt, ist eigentlich Geschmackssache. Auf den ersten Blick lassen sich die Größenverhältnisse in einem Histogramm besser erkennen, weil die Höhe der

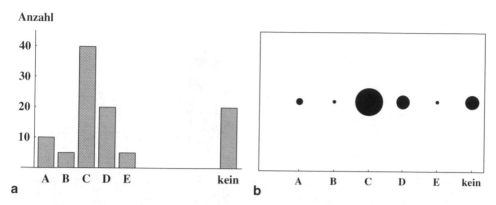

Abb. 3.2 a Histogramm der Sonnenöl-Beliebtheit. **b** Eine weitere (falsche) Darstellung, welche die Resultate der Umfrage verzerrt wiedergibt

Balken die Anteile der Menschen, die das Sonnenöl A, B,... oder keines bevorzugen, linear wiedergibt. Das kommt unseren Sehgewohnheiten entgegen. Im Tortendiagramm entsprechen die Winkel der „Tortenstücke" den ermittelten Anteilen. Dadurch entspricht auch die Fläche eines jeden Tortenstücks dem ermittelten Anteil, aber wir sind an diese Form von Größenvergleichen weniger gewöhnt. Sonnenöl-Marken, nach denen gefragt wurde, die aber niemand mochte, würden im Tortendiagramm ganz verschwinden. Eine andere Möglichkeit, die hin und wieder angewendet wird, sind Kreise, deren Radien den ermittelten Anteilen entsprechen, siehe Abb. 3.2. Weil aber die Kreisfläche quadratisch vom Radius abhängt, geben die so dargestellten Flächen die Anteile verzerrt wieder. Diese Darstellung ist eigentlich gemogelt: Große Anteile erscheinen größer, als sie wirklich sind, und kleine sind viel kleiner.

Diese und ähnliche Darstellungsweisen sind aber üblich. Einige davon verzerren die Daten und tragen zur Verunsicherung über den Sinn statistischer Untersuchungen bei. Sie stützen die verbreitete Meinung „Statistik = Lüge". Es gibt viele Möglichkeiten, Daten absichtlich oder unabsichtlich verzerrt darzustellen. Damit wird der Eindruck erweckt, dass bei unerwünschten Ergebnissen manipuliert wird. Darüber, wie das geschieht, gibt es ein lesenswertes Buch von Walter Krämer [1].

3.3 Es gibt geeignete und ungeeignete Kennzahlen

Ein anderer Datentyp sind quantitative Merkmale, etwa die Höhe der Familieneinkommen in einem Dorf. Angenommen, dort wohnen 6350 Einwohner in 1317 Familien. Die Verteilung ihrer Einkommen zeigt das Histogramm Abb. 3.3. Die Absicht der statistischen Erfassung könnte sein, die soziale Situation in diesem Dorf durch eine einzige Zahl aus-

Abb. 3.3 Monatliches
Familien-
Einkommensverteilung im
Dorf

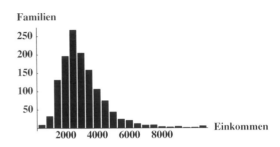

zudrücken. Es wurde deshalb, wie allgemein üblich, der *Mittelwert* berechnet. Es handelt sich dabei um den bekanntesten Mittelwert, das *arithmetische Mittel*.

Das so berechnete „mittlere Einkommen" beträgt 3100 €. Eines Tages zieht eine sehr reiche Familie zu, die monatlich 1 Mio. € einnimmt. Dadurch steigt das „mittlere" Einkommen des Dorfes von 3100 € auf 3866 €. Ein Journalist, der davon hört, vermutet sofort einen „wirtschaftlichen Boom" in diesem Dorf, denn der „mittlere Einkommenszuwachs" beträgt fast 25 %! Doch bei den 1317 Familien hat sich nicht das Geringste geändert. Es ist einfach nur eine sehr reiche Familie zugezogen. Dieser Mittelwert, das arithmetische Mittel, ist hier ungeeignet, denn er wird durch stark abweichende Daten, die *Ausreißer* heißen, viel zu stark beeinflusst (das Einkommen der Millionärs-Familie liegt im Histogramm ganz weit rechts).

Es ist Tradition und allgemein üblich, Häufigkeitsverteilungen nur durch ihren *Mittelwert* und durch ihre *Streuung* zu charakterisieren. Dabei ist, wie wir soeben sahen, Vorsicht angebracht. Nicht immer können diese beiden Größen eine Häufigkeitsverteilung angemessen charakterisieren. Denn auch die Form der Verteilung spielt eine große Rolle. Das arithmetische Mittel eignet sich nur für annähernd symmetrische Häufigkeitsverteilungen. Im Allgemeinen ist es besser, die *Summenhäufigkeitsverteilung* zu bilden und sogen. Quantile zu ermitteln. Ein *Quantil* ist jener Wert des Merkmals, unterhalb dessen ein bestimmter Anteil der Häufigkeitsverteilung liegt. Ein Maß für die mittlere Lage der Häufigkeitsverteilung ist der *Median*, er wird von der Hälfte, also von 50 % aller Daten unterschritten, bzw. überschritten. Im Fischer Weltalmanach [2] von 2006 finden wir z. B. die Verteilung der Bruttonationaleinkommen von fast allen Ländern der Welt (für 175 Länder sind sie vorhanden, von 19 fehlen die Angaben). Die Summenhäufigkeitsverteilung, Abb. 3.4b, entsteht, wenn die ermittelten Daten von links (dem Minimum) her aufsummiert werden. So erhalten wir Auskunft darüber, wie viele Länder der Welt ein Bruttonationaleinkommen haben, das unter einer gewissen Schranke liegt. In Abb. 3.4a sind diese Daten als Histogramm und in Abb. 3.4b die aufsummierten relativen Häufigkeiten als Summenhäufigkeitsverteilung dargestellt.

Der Wert für Deutschland ist als gestrichelte senkrechte Linie eingezeichnet. Danach hatten die Deutschen im Jahre 2003 ein Bruttonationaleinkommen (pro Kopf, im Jahr) von US$ 25270. Darunter liegen mehr als 91 % aller Länder der Welt. Im Histogramm, Abb. 3.4a wird die Relation zwischen den Ländern nicht annähernd so gut sichtbar wie in

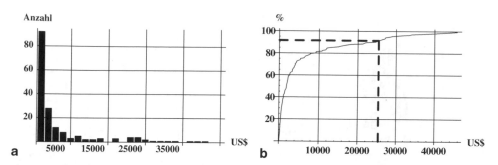

Abb. 3.4 a Histogramm der Bruttonationaleinkommen. **b** Summenhäufigkeitsverteilung der Bruttonationaleinkommen

der aufsummierten Form von Abb. 3.4b. Deutschland liegt im Bereich der größten Werte, denn es gibt nur wenige Länder, deren Bruttonationaleinkommen das deutsche übersteigt. Erst die Summenhäufigkeitsverteilung macht das deutlich. An Stelle des Brutto-Pro-Kopf-Einkommens könnte man natürlich auch andere Größen betrachten, etwa die auf das Einkommen bezogene Kaufkraft. Das würde auch die Information darüber einschließen, wie das jeweilige Einkommen, bezogen auf die Lebenshaltungskosten, zu werten ist. Aber auch diese Größe hätte einen Nachteil: Sie würde auf dem „Warenkorb" beruhen, der nach den Bedürfnissen einer hochindustrialisierten Gesellschaften gebildet wird und der für viele der armen Länder nicht zutrifft. Wir sehen, wie schwierig es ist, die „richtigen" Daten zu erfassen und sie „richtig" zusammenzufassen. Es geht der beschreibenden Statistik immer darum, die erfasste Situation durch möglichst wenige Parameter (z. B. einen Mittelwert) möglichst angemessen zu kennzeichnen.

Der bekannteste Mittelwert ist das arithmetische Mittel. Er wird, wie wir sahen, bereits durch wenige Ausreißer verzerrt und ist zur Charakterisierung der Lage einer Häufigkeitsverteilung auf den Merkmalsachse immer dann ungeeignet, wenn die Häufigkeitsverteilung nicht symmetrisch ist. Für symmetrische Verteilungen eignet sich das arithmetische Mittel aber sehr gut, um die zentrale Lage eines Kollektivs von Werten zu beschreiben. Nehmen wir die Häufigkeitsverteilung der Körperhöhe von Frauen[1]. Abb. 3.5a zeigt die Messergebnisse als Histogramm und Abb. 3.5b als Summenhäufigkeitsverteilung. Das arithmetische Mittel ist 159,89 cm. Er liegt im Zentrum der Verteilung, weil das Histogramm annähernd symmetrisch ist. Daraus folgt eine deutlich S-förmige Summenhäufigkeitsverteilung. In diesem Falle entspricht das arithmetische Mittel ungefähr dem Median.

Um die Lage einer Häufigkeitsverteilung auf der Merkmalsachse zu kennzeichnen, eignet sich im Allgemeinen der Median besser als das arithmetische Mittel. Insbesondere dann, wenn diese nicht symmetrisch ist oder wenn es Ausreißer gibt. Er ändert sich im Beispiel der Familien-Einkommensverteilung im Dorf (Abb. 3.3) durch den Zuzug der sehr reichen Familie fast überhaupt nicht. Man bezeichnet ihn als „robust" gegenüber

---

[1] Körpermessungen an Frauen, durchgeführt in der DDR in den Jahren 1959/60.

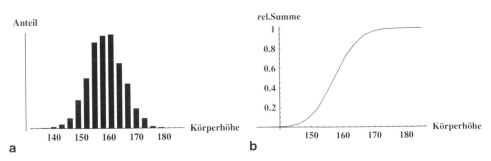

Abb. 3.5 a Histogramm der Körperhöhe der 1959/60 gemessenen Frauen. **b** Summenhäufigkeits-verteilung der 1959/60 gemessenen Frauen

Ausreißern. Der Median heißt auch 50 %- Quantil oder 50 %-Perzentil. Quantile bzw. Perzentile sind jene Werte, unterhalb deren sich der bestimmte Anteil der Summenhäufigkeitsverteilung befindet. Das 10 %-Quantil ist jener Wert, unterhalb dessen 10 % der Merkmalsanteile des untersuchten Kollektivs befinden. Quantile werden in der beschreibenden Statistik gern angewendet, denn sie sind für jede Form einer Häufigkeitsverteilung sinnvoll. Beispielsweise definiert die EU das Kriterium für Armut durch ein Quantil: Beträgt ein Familieneinkommen weniger als 40 % des Nettoäquivalenzeinkommens, so ist die Familie arm. Die Grenze der „Armut" ist also das 40 %-Quantil der Einkommensverteilung.

Eine Häufigkeitsverteilung ist außer durch ihre Lage auf der Merkmalsachse auch durch ihre Ausdehnung, also durch die *Streuung* der Daten, charakterisiert. In Abb. 3.5a könnte man die „Ausdehnung" z. B. auch durch die Differenz der Körperhöhen der kleinsten und größten gemessenen Frau ausdrücken. Im Beispiel waren das die Werte 132 cm und 187 cm. Die Ausdehnung der Verteilung ist also $187 - 132 = 55$ cm. Wären wir bei der Messung nicht zufällig auf die eine sehr kleine Frau von 132 cm gestoßen, hätten wir diesen Wert auf die nächstkleinere bezogen, die 140 cm groß gewesen ist. Die „Ausdehnung" der Verteilung wäre nur noch 47 cm. Die Differenz des Maximal- und Minimalwertes heißt „Spannweite" und ist auch ein Maß für die Streuung der Daten. Allerdings reagiert die Spannweite sehr empfindlich auf Ausreißer und zufällige Schwankungen der größten und kleinsten ermittelten Werte in der Messreihe. Man braucht meistens ein Maß, das sich stärker an der Gesamtheit der Daten orientiert. Traditionell bevorzugt man dazu die *Streuung*, das ist die *mittlere quadratische Abweichung* der Einzeldaten von ihrem arithmetischen Mittel. Dieses Maß hat eine sehr große Bedeutung für die Normalverteilung (die Glockenkurve) und alle ihre Anwendungen. Es spielt auch in der Theorie eine große Rolle. Deshalb ist es sehr gebräuchlich. Natürlich ist auch dieses Maß, wenn man es auf nicht symmetrische Häufigkeitsverteilungen anwendet, problematisch. Dann sollte man beispielsweise lieber die Differenz zwischen zwei Quantilen, etwa dem 10 %-Quantil und dem 90 %-Quantil, verwenden.

In der beschreibenden Statistik sind die Stichprobenresultate Fakten. Man ist mit der bloßen Beschreibung des Objekts durch sie zufrieden. Meistens jedoch sollen aus den erfassten Daten allgemeinere Schlüsse gezogen werden, etwa auf größere (gedacht) unendlich große Gesamtheiten, abstrakte Größen, wie Risiken u. ä. oder auf unbekannte Gesetzmäßigkeiten. Dann braucht man die Stochastik oder „schließende Statistik", der wir uns im Folgenden widmen werden.

Wichtige Begriffe

Merkmal	Die betrachtete Größe, z. B. das Familieneinkommen.
Mittelwert, Lageparameter	Es gibt verschiedene Mittelwerte:Arithmetisches Mittel (allgemein üblich), Zentralwert oder Median(50 % der Daten über- bzw. unterschreiten ihn), Modalwert (häufigster Wert),. . . Sie zeigen die Lage der Häufigkeitsverteilung auf der Merkmalsachse.
Arithmetisches Mittel	Summe aller Merkmalswerte geteilt durch ihre Anzahl.
Ausreißer	Deutlich abweichender Beobachtungswert.
Streuung	Mittlere quadratische Abweichung der Daten vom arithmetischen Mittel.
Summenhäufigkeitsverteilung	Vom kleinsten Wert an beginnend aufsummierte Häufigkeitsverteilung.
Quantil, Perzentil	Wert, der von einem bestimmten Anteil aller erfassten Daten unterschritten wird, z. B. der Median von 50 %.

Literatur

1. Krämer, W.: So lügt man mit Statistik, Bd. 1036. Campus, Frankfurt a. M. (1994)
2. Redaktion Weltalmanach. (Hrsg.): Der Fischer Weltalmanach 2005. Fischer Taschenbuch, Frankfurt a. M. (2006)

Stochastik oder die „Kunst des Ratens"

4

Die Stochastik ist eine Kombination von Wahrscheinlichkeitsrechnung und Statistik. Die Beobachtungswerte stammen aus Stichproben und sind zufällige Größen. Ihr Ziel ist, unbekannte Parameter oder abstrakte Größen zu schätzen. Die Grundlage ist ein mathematisches Modell, auf das man mit Hilfe der Daten schließt. Es wird vorausgesetzt, dass die zufälligen Größen einer bestimmten Wahrscheinlichkeitsverteilung folgen und dass jedes Stichprobenelement die gleiche Chance hat, in die Stichprobe zu gelangen. Daraus ergeben sich die Methoden zur Schätzung der interessierenden Größen. Die Schätzwerte sind ebenfalls zufällig. Sie folgen Wahrscheinlichkeitsverteilungen, die auch vom Stichprobenumfang abhängen.

4.1 Seit dem 19. Jahrhundert beschreibt die Wissenschaft Massenerscheinungen durch Wahrscheinlichkeitsverteilungen

Die Wahrscheinlichkeitsrechnung hat sich in der zweiten Hälfte des 19. Jahrhunderts beträchtlich entwickelt. In vielen Fällen konnte man nun die Wahrscheinlichkeitsverteilung eines zufälligen Ereignisses aus einigen Annahmen herleiten. Dadurch wurde es möglich, auszurechnen, mit welcher Wahrscheinlichkeit ein solches Ereignis in einer Stichprobe bestimmten Umfangs zu beobachten ist. Man verstand es auch immer besser, von einem Wahrscheinlichkeitsmodell auf die zu erwartenden Stichprobenergebnisse zu schließen. Zur etwa selben Zeit begannen viele Wissensgebiete, sich mit Massenerscheinungen, zufälligen Ereignissen und Wahrscheinlichkeiten auseinander zu setzen. So konnte auch die Physik einige physikalische Vorgänge mit Hilfe von Wahrscheinlichkeiten beschreiben, z. B. in der kinetischen Gastheorie die Geschwindigkeiten der einzelnen Gasmoleküle in

G. Härtler, *Statistisch gesichert und trotzdem falsch?*, Springer-Lehrbuch,
DOI 10.1007/978-3-662-43357-7_4, © Springer-Verlag Berlin Heidelberg 2014

einem geschlossenen Gefäß durch die Boltzmann–Maxwell–Verteilung. Daraus ließen sich viele Eigenschaften von Gasen ableiten und erklären. Bald gab es auch Anwendungen der Wahrscheinlichkeitsrechnung in der Astronomie, Biologie, Medizin, Soziologie und in den Wirtschaftswissenschaften. Man begann parallel dazu, von der in einer Stichprobe beobachteten Häufigkeitsverteilung auf die Parameter einer Wahrscheinlichkeitsverteilung zu schließen, die für eine unendlich große Grundgesamtheit gilt. Aus der „beschreibenden" Statistik entwickelte sich die „schließende" oder „mathematische" Statistik, die Stochastik. Mittlerweile ist sie zum wesentlichen Werkzeug der empirischen Forschung geworden.

4.2 Auf die Methode der kleinsten Quadrate folgte das Maximum-Likelihood-Prinzip

R. A. Fisher [2] trug im Jahre 1921 grundlegend zur Entwicklung der Stochastik bei, indem er das *Maximum-Likelihood-Prinzip* formulierte. Heute ist es die wichtigste Grundlage der statistischen Schätztheorie. Indirekt war es bereits in der *Methode der kleinsten Quadrate* enthalten, die auf Carl Friedrich Gauß zurückgeht. Er wandte sie seit 1794 an, veröffentlichte sie aber erst 1809. Die Methode der kleinsten Quadrate wurde unabhängig davon auch vom französischen Mathematiker Adrien Marie Legendre gefunden und 1806 veröffentlicht. Was ist und was bedeutet das „Likelihood-Prinzip" als Methode zur Herleitung von Schätzverfahren für die unbekannten Parameter einer Wahrscheinlichkeitsverteilung? Zunächst ist anzumerken, dass der Begriff „Likelihood" im deutschsprachigen Raum von Fachfremden und Praktikern oft nicht richtig verstanden wird, denn er bedeutet in diesem Zusammenhang nicht einfach „Wahrscheinlichkeit". Die Wahrscheinlichkeit ist ein Maß der zufälligen Größe und die Wahrscheinlichkeiten aller möglichen Werte der zufälligen Größe sind eine *Wahrscheinlichkeitsverteilung*. Wahrscheinlichkeit heißt im Englischen „probability". Das Wort Likelihood meint aber die „Wahrscheinlichkeit der Stichprobe". Mit Hilfe der Wahrscheinlichkeitsverteilung der zufälligen Größe lässt sich vorhersagen, mit welcher Wahrscheinlichkeit die einzelnen Beobachtungswerte zu erwarten sind. Es wird vom Modell auf die Daten geschlossen. Die Stochastik schließt in entgegengesetzter Richtung: Es stehen Daten zur Verfügung und die Wahrscheinlichkeitsverteilung, die sie erzeugt hat, ist „zu erraten". Die Daten, die das Ergebnis einer endlichen Anzahl von Messungen oder Zählungen sind, werden als Stichprobe aus einem gedacht unendlich großen Kollektiv, der Grundgesamtheit, verstanden. Es wird vorausgesetzt, dass in der Grundgesamtheit für jedes ihrer Elemente die gleiche Wahrscheinlichkeitsverteilung gilt und außerdem, dass jedes Element der Grundgesamtheit die gleiche Chance hat, in die Stichprobe zu gelangen. Das Wort „likelihood" bezieht sich darauf. Die vorliegende Stichprobe wird als „die wahrscheinlichste" aller möglichen Stichproben angesehen. Unter dieser Annahme lassen sich mit dem Maximum-Likelihood-Prinzip Methoden herleiten, mit denen die unbekannten Parameter eines Wahrscheinlichkeitsmodells geschätzt werden können.

4.3   Was bedeutet das für unser Sonnenöl-Beispiel?

Erinnern wir uns noch einmal an unseren Studenten in Wien! Die Wahrscheinlichkeit dafür, dass dort ein Mensch umherläuft, der kein Sonnenöl mag, ist unbekannt. Wir wollen sie schätzen. Dazu stellen wir uns eine Grundgesamtheit vor, also ein gedachtes Kollektiv von unendlich vielen Menschen, unter denen sich mit unbekannter Wahrscheinlichkeit auch solche befinden, die kein Sonnenöl mögen. Wir nehmen weiter an, dass jeder aus dieser Grundgesamtheit mit der gleichen Wahrscheinlichkeit von unserem Studenten angesprochen und befragt werden kann. In Wirklichkeit lässt sich das in diesem Beispiel kaum erreichen. Wir tun so, als wäre es möglich gewesen. Er fragte 100 Personen. Unter denen traf er 20, die kein Sonnenöl mögen, siehe Abb. 2.2. Die relative Häufigkeit ist 0,2. Wie groß ist die unbekannte *Wahrscheinlichkeit* in der Grundgesamtheit, die zu dieser relativen Häufigkeit geführt hat? Und wie kann man sie schätzen? Die Schätzmethode lässt sich mit Hilfe des Maximum-Likelihood-Prinzips herleiten. Auf die Frage: *„Welcher Wert ist der beste Schätzwert für die unbekannte Wahrscheinlichkeit, wenn unsere Stichprobe die größte Plausibilität (maximum likelihood) besitzt?"* erhalten wir nach dem Maximum-Likelihood-Prinzip die Antwort: *„die relative Häufigkeit"*. In diesem Beispiel ist das sehr einleuchtend und auch naheliegend. Aber meistens sind die Aufgaben viel komplizierter. Und welche Eigenschaften hat ein solcher Schätzwert? Weil er auf der zufällig beobachteten Zahl 20 beruht, ist er selbst auch zufällig. Die relative Häufigkeit kann sich von Stichprobe zu Stichprobe ändern und tut es meistens auch. Für die relativen Häufigkeiten als zufällige Größen selbst gilt wieder eine Wahrscheinlichkeitsverteilung, die z. B. auch durch Größen wie Erwartungswert und Varianz gekennzeichnet werden kann. Diese hängt nun zusätzlich vom Stichprobenumfang, der Anzahl der Beobachtungen, ab. Wir können also einen Schritt weiter gehen und auch diese Zufälligkeit berücksichtigen. Dazu bilden wir um unseren Schätzwert einen Bereich, der die Streuung der relativen Häufigkeiten auszudrücken vermag. In ihm liegen die Schätzwerte, denen man mit einer bestimmten „statistischen Sicherheit" trauen kann. Der Bereich heißt demzufolge „Vertrauensbereich" (oder Konfidenzbereich). Die Aufgabe der Stochastik bzw. der mathematischen Statistik ist es, Methoden herzuleiten, um gute Schätzwerte zu finden, deren Vertrauensbereiche bei gegebener statistischer Sicherheit möglichst eng sind.

4.4   Was bedeutet das für die Körpermessungen?

Denken wir noch einmal an die Körpermessungen! Eines der untersuchten Merkmale war die Körperhöhe. Damals waren die mittlere Körperhöhe von Frauen und ihre Streuung unbekannt. Die Grundgesamtheit ist das gedachte Kollektiv aller Frauen in unserer Region, das als sehr groß, eigentlich als unendlich groß, angesehen wird (die Anzahl der Frauen zu einem festen Zeitpunkt ist sehr groß, es kommen ständig neue hinzu und andere gehen ab). Die Wahrscheinlichkeitsverteilung der Körperhöhen von Frauen kennen

wir vor der Messung nicht. Wir haben 13500 Frauen gemessen. Diese wurden nach bestem
Wissen zufällig ausgewählt und die Messwerte ergaben das Histogramm in Abb. 3.5a. Es
legt durch seine Form die Normalverteilung als Wahrscheinlichkeitsverteilung des Merkmals Körperhöhe in der Grundgesamtheit nahe. Welchen *Erwartungswert* und welche
Varianz hat diese Wahrscheinlichkeitsverteilung? Als Maximum-Likelihood-Schätzwerte
ergeben sich dafür das *arithmetische Mittel* und die *Streuung* der beobachteten Verteilung.
Sie sind Maximum-Likelihood-Schätzwerte der unbekannten Parameter Erwartungswert
und Varianz. In welchem Bereich kann man diesen Schätzwerten mit einer bestimmten
„statistischen Sicherheit" vertrauen? Wir berechnen diese Bereiche mit Hilfe der Wahrscheinlichkeitsverteilungen der Schätzwerte „Mittelwert" und „Streuung", wobei wir z. B.
die Gültigkeit der Normalverteilung in der Grundgesamtheit voraussetzen. Diese Verteilungen hängen nun entscheidend von Stichprobenumfang ab. Wir können auch fragen,
ob sich das Modell „Normalverteilung" zur Beschreibung unserer Daten wirklich eignet. Auch dazu lassen sich geeignete und effiziente Prüfmethoden herleiten, sie heißen
Anpassungstests.

4.5   In Deutschland wurde die Stochastik zunächst kaum bekannt

Die mathematische Statistik nahm in der ersten Hälfte des 20. Jahrhunderts einen großen
Aufschwung, hauptsächlich in den anglophonen Ländern. 1894 verallgemeinerte K.
Pearson die lineare und homogene Differentialgleichung, der die Verteilungsdichte der
Normalverteilung genügt, und entwickelte daraus einige Verteilungsfunktionen von kontinuierlichen Zufallsgrößen; das war zunächst ein theoretisches Resultat. Danach formulierte
er aber den ersten statistischen Test, den χ^2-Test [5] (1900), der sich für viele Anwendungen eignet. Den nächsten wesentlichen Anstoß zur allgemeinen Entwicklung der Stochastik
gab das Buch von R. A. Fisher, Statistical Methods for Research Workers [3]. Diese Entwicklung hatte leider nur ein schwaches Echo in Deutschland, hauptsächlich wegen der
beiden Weltkriege und der schlimmen politischen Entwicklungen. Auch die Emigration
bzw. Vertreibung wichtiger Spezialisten hat später dazu beigetragen, dass sich in Deutschland die Stochastik kaum weiter entwickeln konnte und kaum bekannt wurde. Richard
von Mises [6], der u. a. die Wahrscheinlichkeit als Grenzwert der relativen Häufigkeit
definierte, musste aus Berlin in die Türkei emigrieren. Emil Julius Gumbel [4], der mit
seiner Theorie extremer Werte später eine Reihe wichtiger neuer Ansätze schuf, emigrierte
1932 wegen seiner linken Ansichten und einiger Veröffentlichungen, die ihm gefährlich
geworden waren (u. a. Vier Jahre politischer Mord, 1922). Er floh zuerst nach Frankreich
und später in die USA.

4.6 Noch einmal zurück zum Grundgedanken der Stochastik

Das logische Gebäude der mathematischen Statistik lässt sich ungefähr folgendermaßen erklären: Man führt eine Befragung, Messung oder anderweitige Erfassung bestimmter Merkmale an einem Stichprobenelement durch (die Frage nach der bevorzugten Sonnenöl-Marke eines Passanten, die Messung einer Körperhöhe). Diesen Vorgang kann man ein Experiment nennen. Weil ein solches Experiment unterschiedliche Resultate haben kann, heißt es *zufälliges Experiment*. Die unterschiedlichen Resultate dieses Experiments haben unterschiedliche Wahrscheinlichkeiten, für sie gilt also eine Wahrscheinlichkeitsverteilung. Ihr Typ, d. h. ihre formale Eigenschaft, ist nicht in jedem Falle bekannt, aber es kann meistens ein geeignetes Modell gefunden werden (hier gibt es einen subjektiven Einfluss des Experimentators). Die Ergebnisse aller Experimente zusammen bilden unsere *Stichprobe*. Für alle ihre Elemente soll die angenommene Wahrscheinlichkeitsverteilung gelten. Sie ist das Wahrscheinlichkeitsmodell, dessen Parameter in der Regel unbekannt sind. Das kann z. B. die Wahrscheinlichkeit eines interessierenden Merkmals sein (dafür, dass jemand kein Sonnenöl mag), der Erwartungswert und die Varianz einer Normalverteilung (der Verteilung der Körperhöhe erwachsener Frauen) u. ä. Es gibt verschiedene Möglichkeiten, Schätzverfahren für die Parameter einer vorausgesetzten Wahrscheinlichkeitsverteilung herzuleiten. Die Maximum-Likelihood-Schätzung ist nur eine davon, aber meistens die geeignetste. Die Schätzmethoden, die mit Hilfe des Maximum-Likelihood-Prinzips hergeleitet werden, haben die besten Eigenschaften, d. h. sie kommen dem gesuchten unbekannten „wahren" Wert am nächsten.

4.7 Das Anwendungsgebiet der Stochastik ist sehr vielgestaltig

Anders als die beschreibende Statistik, erfasst die mathematische Statistik die Daten nicht nur, um sie geeignet darzustellen, sondern sie leitet aus ihnen allgemeine Aussagen ab. Deshalb ist sie auch ein wichtiges Werkzeug der empirischen Forschung. Die interessierenden Größen oder Gesetzmäßigkeiten müssen allerdings stets durch ein quantifizierbares *mathematisches Modell* ausgedrückt werden, und das kann von sehr unterschiedlicher Gestalt sein. Flapsig ausgedrückt, es kann sich ebenso um die Wahrscheinlichkeitsverteilung der Lebensdauer europäischer Hauskatzen handeln wie um ein lineares Modell, das die Abhängigkeit ihrer Schwanzlänge von der Farbe des Fells wiederzugeben vermag. Es sind natürlich meistens ernsthafte Aufgaben, auf welche die schließende Statistik angewendet wird. Beispielsweise, auf das Risiko von Kleinkindern, an Leukämie zu erkranken, und zwar in Abhängigkeit von der Entfernung ihrer Wohnung von einem Kernkraftwerk [1]. Es gibt eine Vielzahl von möglichen Fragestellungen und auch eine Vielzahl von Modellen und Methoden. Gemeinsam ist ihnen, dass sie *zufällige Größen* betreffen: Die Lebensdauer der einzelnen Katze ist zufällig, die Schwanzlänge und Fellfarbe der einzelnen Katze ebenfalls, und ob das in einem bestimmten Abstand vom Kernkraftwerk lebende einzelne

Kind erkrankt oder nicht, ist ebenfalls zufällig. Im zuletzt genannten Beispiel finden viele, dass der Zufall dabei eine unangemessene Größe ist. Sie suchen nach der *Ursache* der Erkrankung, sie wollen also wissen, wodurch die Erkrankung von der Entfernung vom Kernkraftwerk abhängt. Das kann die Stochastik nicht leisten. Sie kann nur schätzen, ob es eine *Korrelation* gibt, d. h. einen positiven Zusammenhang zwischen der Gesundheitsgefährdung und dem Abstand der Wohnung von einem Kernkraftwerk (in der Studie wurde tatsächlich eine statistisch gesicherte Korrelation gefunden).

4.8 Der Nachweis, dass etwas nicht existiert

Wie steht es um den generellen Nachweis, dass ein vermuteter Effekt nicht existiert? Viele möchten z. B. wissen, ob die durch die Mobiltelephonie erzeugten hochfrequenten elektromagnetischen Felder gesundheitsschädlich sind (eigentlich meinen sie jede Art von Elektrosmog). Aus der Erkenntnistheorie wissen wir, dass der Nachweis der *Nicht-Existenz* eines Effekts generell *unmöglich* ist. Die Behauptung: „*Alle* Felder im Frequenzbereich der Mobiltelephonie sind *unschädlich*" entspricht in seiner Logik dem bekannten Satz: „*Alle* Raben sind *schwarz*". Ist der Satz wahr, so existieren keine nicht-schwarzen Raben. Jeder schwarze Rabe, der beobachtet wird, bestätigt nur, dass auch dieser Rabe schwarz ist. Er *beweist* diese Behauptung in keiner Weise. Irgendwo könnte sich ein nicht-schwarzer Rabe verbergen, den wir nur noch nicht gefunden haben. Die Widerlegung der Behauptung „*Alle* Raben sind *schwarz*" ist erfolgt, wenn nur ein einziger nicht-schwarzer Rabe gefunden wird. Da wir nie *alle* Raben beobachten können (es kommen ständig neue hinzu und alte sterben, die der Beobachtung zugängliche Population der Raben ist nicht endlich), wird die Wahrheit der Aussage: „*Alle* Raben sind *schwarz*" durch die Beobachtung von ausschließlich schwarzen Raben nie bewiesen werden können. So lässt sich auch die generelle Behauptung „Elektrosmog ist nicht schädlich" nicht beweisen, solange wir keinen einzigen Gesundheitsschaden beobachten konnten, der nachweislich durch den Elektrosmog verursacht worden ist. Das ist die deterministische Sicht auf dieses Problem. Wenn wir aber das Gedankengebäude der Stochastik einsetzen, dann können wir sogar eine *obere Grenze der Wahrscheinlichkeit* bestimmen, dass Elektrosmog schädlich ist, auch wenn wir das in keinem einzigen Fall beobachtet haben. Es ist nämlich möglich, auch in einem solchen Falle die *obere Vertrauensgrenze* einer sehr kleinen Wahrscheinlichkeit zu berechnen. Diese Grenze hängt vom Beobachtungsumfang ab und wird mit einer bestimmten *Irrtumswahrscheinlichkeit* nicht überschritten. Mit Hilfe der Stochastik können also auch geringe Risiken abgeschätzt werden. Allerdings braucht man dazu eine umso größere Zahl von Beobachtungen, je kleiner das zu schätzende Risiko ist. Die Ausfallwahrscheinlichkeit von manchen elektronischen Bauteilen liegt heute im Bereich von ppm (parts per million), sie zu schätzen erfordert riesige Mengen von Testexemplaren und entsprechend lange dauernde Belastungstests. Und es ist keineswegs sicher, dass man dabei einen Ausfall beobachten kann. Trotzdem braucht man einen Schätzwert für die Ausfallwahrscheinlichkeit und kann ihn durch die obere Vertrauensgrenze ausdrücken.

4.9 Die Schätzung abstrakter Größen

Es gibt abstrakte Größen, die sich grundsätzlich nur mit Hilfe der Stochastik schätzen lassen, z. B. Lebenserwartungen, Risiken u. ä. Das sind Eigenschaften, die für ein Kollektiv gleichartiger Elemente gelten. Die Lebenserwartung europäischer Hauskatzen ist so eine abstrakte Größe. Die Lebensdauer einer konkreten Katze wird erst nach ihrem Tod bekannt, aber die mittlere Lebensdauer aller Katzen kann man schätzen, sofern man die einzelnen Lebensdauern in einer Stichprobe registriert hat. Die Ausfallwahrscheinlichkeit von ICE Zügen ist auch eine solche abstrakte Größe, die aber zusätzlich noch von einigen anderen Größen abhängt, z. B. von der Länge der Strecke, auf die sie bezogen wird. Je länger die Strecke ist, umso größer ist die Ausfallwahrscheinlichkeit. Ob aber ein bestimmter Zug auf einer bestimmten Strecke ausfällt, weiß man immer erst nach der Fahrt. Die Bahn erfasst die Ausfallzeitpunkte und kann die Ausfallwahrscheinlichkeit für eine bestimmte Kilometerzahl ebenso schätzen wie die mittlere Länge der Strecke bis zum Ausfall. Die Stochastik schätzt die *Lebenserwartung* eines heute 50 jährigen Mannes, kann aber die wirkliche *Lebensdauer* des derzeit 50 jährigen Herrn Meier nicht voraussagen. Man könnte sogar die Lebenserwartung eines heute 50 jährigen Mannes in Deutschland, der unter Diabetes leidet, schätzen, aber nicht die wirkliche Lebensdauer des zuckerkranken Herrn Meier vorhersagen. Den Zeitpunkt des Mondaufganges morgen in Berlin kann man ohne Statistik ziemlich genau berechnen, aber die Wahrscheinlichkeit für das Auftauchen eines unbekannten Kometen in den nächsten 10 Jahren kann man nur schätzen. Statistische Aussagen gelten nicht für den Einzelfall und sie sind nie genau: Herr Meier wird vermutlich vor oder nach seiner „Lebenserwartung" sterben und der Komet kann morgen oder in 10 Jahren auftauchen.

Die Stochastik beruht auf Modellen, welche die Wahrscheinlichkeiten zufälliger Größen ausdrücken. Bevor wir uns mit den Details der Funktionsweise der Stochastik näher befassen können, sollten wir uns noch etwas mit dem Entstehen von empirischem Wissen im Allgemeinen, mit dem Zufall und mit der Wahrscheinlichkeit auseinandersetzen.

Wichtige Begriffe

Methode der kleinsten Quadrate	Unbekannte Konstanten werden so geschätzt, dass die Summe der quadratischen Abstände zwischen der Konstanten und den Beobachtungswerten ein Minimum ist.
Maximum-Likelihood-Prinzip	Die Parameter der Wahrscheinlichkeitsverteilung werden so geschätzt, als wäre die beobachtete Stichprobe die wahrscheinlichste.
Wahrscheinlichkeitsverteilung	Für diskrete zufällige Größen: die Wahrscheinlichkeiten aller möglichen Werte. Für kontinuierliche zufällige Größen: die Wahrscheinlichkeiten, dass die zufällige Größe kleiner als jeder mögliche Wert ist.

| Erwartungswert | Analogon des arithmetischen Mittels einer Häufigkeitsverteilung für eine Wahrscheinlichkeitsverteilung. |
| Varianz | Analogon der Streuung einer Häufigkeitsverteilung für eine Wahrscheinlichkeitsverteilung. |

Literatur

1. Bundesamt für Strahlenschutz, Epidemiologische Studie zu Kinderkrebs in der Umgebung von Kernkraftwerken (KiKK.-Studie). http://doris.bfs.de/jspui/bitstream/urn:nbn:de:0221-20100317939/4/BfS_2007_KiKK-Studie.pdf, Zugegriffen 2012
2. Fisher, R.A.: On the mathematical foundations of theoretical statistics. Phil. Trans. **A 222**, 309 (1921)
3. Fisher, R.A.: Statistical methods for research workers. Oliver & Boyd, Edinburgh (1925)
4. Gumbel, E.J.: Statistics of extremes. Columbia University Press, New York (1958)
5. Pearson, K.: On the criterion that a given system of deviations from the probable in the case of a correlated system of variables is such that it can be reasonable supposed to have arisen from random sampling. Philos. Mag., Series t. **50**, 157–172 (1900)
6. von Mises, R.: Wahrscheinlichkeit, Statistik und Wahrheit. Springer, Wien (1951)

Die Quellen unseres Wissens sind Beobachtung und Theorie

5

Der gegenwärtige Entwicklungsstand der Naturwissenschaften wurde durch die ständige Wechselwirkung zwischen Beobachtungen und Theorien erreicht. Die empirischen Untersuchungen sind dabei ein unverzichtbarer Bestandteil. Es gibt eine Verknüpfung von theoriegestütztem und empirischem Wissen. Letzteres beruht auf der Auswertung von Beobachtungen und Messungen. Dazu braucht man geeignete Methoden, die bestimmte Fragen beantworten und die Zufälligkeit der Daten berücksichtigen können.

5.1 Der hohe Entwicklungsstand und die große Komplexität der heutigen Wissenschaft

Unser heutiges Wissen ist das Ergebnis einer Jahrtausende alten sich fortsetzenden Folge von Beobachtungen und Theorien. Das zeigt sich deutlich in der Entwicklung der Naturwissenschaften. Unser gegenwärtiger Alltag ist fast überall durch die Technik geprägt, deren Möglichkeiten sich der moderne Mensch in wachsendem Maße zunutze gemacht hat. Dieser hohe Stand der Technik beruht auf den Erkenntnissen der Naturwissenschaften, die unbestreitbar einen sehr hohen Entwicklungsstand erreicht haben. Wie aber werden das unsere Nachkommen in 500 Jahren sehen? Dass die technischen Anwendungen der Naturwissenschaften funktionieren, ist ein Ausdruck dafür, dass unsere theoretischen Erklärungen im Großen und Ganzen richtig sind und die Naturwissenschaften eine gewisse Reife erlangt haben. Aber das ist sicher nicht das Ende der Entwicklung. Wer hätte vor 100 Jahren die digitale Revolution für möglich gehalten? Wer hätte gedacht, dass es Satelliten und Raumstationen geben wird? Hätte man sich das Genom vorstellen können? Und gar seine Entschlüsselung? Die Möglichkeit, das Licht ferner Himmelskörper zu ana-

G. Härtler, *Statistisch gesichert und trotzdem falsch?*, Springer-Lehrbuch,
DOI 10.1007/978-3-662-43357-7_5, © Springer-Verlag Berlin Heidelberg 2014

lysieren? Die Identifikation von Elementarteilchen als Basis von Energie und Materie? Das Funktionieren der Technik in unserem Alltag mag die Bestätigung der naturwissenschaftlichen Theorien sein, aber sind sie deshalb wahr und unveränderlich? Wäre es so, würde das bedeuten, dass wir am Ende der Entwicklung angelangt sind. Das ist sicher nicht der Fall. Die Naturwissenschaften werden sich weiter entwickelten. Das geschah bisher durch den ständigen Wechsel von Beobachtungen und Theorien und das wird auch weiter so sein. Dadurch wächst stets die Komplexität des Theoriegebäudes. Vieles passt zu irgendeinem Zeitpunkt nicht mehr zusammen. Man trifft andere Annahmen, macht neue Beobachtungen, füllt die entstandenen theoretische Lücken und prüft, ob das Neue irgendwo in logische Widersprüche zur existierenden Theorie oder zu den bisher bekannten experimentellen Ergebnissen gerät. Widersprüche zu benachbarten oder vorhergehenden Theorien entstehen. Die Beobachtungsmöglichkeiten werden besser, die Messungen genauer und es werden Beobachtungen gemacht, die durch die existierende Theorie gar nicht oder nicht ganz erklärt werden können. Man bestätigt und widerlegt die existierenden Theorien durch neue Experimente. Das „Gesamtwissen" wird immer komplexer und im Einzelnen immer weniger durch- bzw. überschaubar. Man sucht heute nach einer Gesamttheorie und ihren Grundlagen. Das zeigt das Erscheinen vieler allgemeinverständlicher Bücher mit Titeln wie „Auf dem Weg zur Weltformel" [2] oder „Wie klein ist klein?" [3]. Es gibt ein Für und Wider sehr komplizierter mathematisch formulierter Theorien und Ergebnisse, sehr genauer und ebenfalls komplizierter Experimente, die sehr hohe Anforderungen an die Messtechnik und die Planung der Versuche stellen. Die Datenauswertung jedoch braucht immer die *schließende Statistik* bzw. die *Stochastik*.

Es sind nicht nur die Naturwissenschaften, die Methoden der Stochastik benötigen, sondern auch jüngere Wissensbereiche: Die Sozialwissenschaften untersuchen Phänomene der Gesellschaft, die Ökonomie die der Märkte, es geht um Wechselbeziehungen zwischen Individuen und gesellschaftlichen Gruppen, um Massenerscheinungen, Konflikte, Risiken, Krisen usw. Die Grundlage dafür sind stets Beobachtungen und die Ergebnisse spezieller Experimente. Sie werden mit dem Ziel unternommen, Erklärungen für beobachtete Gesetzmäßigkeiten zu finden oder sie wenigstens angemessen beschreiben zu können. So sind hoch spezialisierte Wissenschaften mit einer starken empirischen Basis entstanden, wie Soziologie, Psychologie, Teile der Medizin usw. Im Vergleich zur Physik sind sie weniger von der Mathematik durchdrungen, aber auch sie verwenden mathematische Modelle, die zu einem guten Teil auf Beobachtungen beruhen. Es sind oft nur „ad hoc Theorien", die aber breite Anwendung finden. Auch in diesem Zusammenhang spielt die Stochastik eine wesentliche Rolle.

5.2   Wissen wir denn wirklich, was wir zu wissen glauben?

Was aber ist eigentlich „Wissen"? Eine zufriedenstellende und endgültige Antwort gibt es bis heute nicht und es wird sie wohl auch in absehbarer Zeit nicht geben. Was wir heute „wissen" ist nur das, was wir im Augenblick zu wissen „glauben". Bisher hatte jede

Abb. 5.1 Spätbabylonische Zahlentafel, nach. [6] (Abb. 3.2.7, Seite 131)

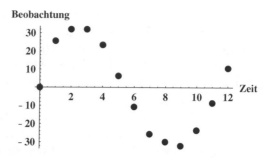

Theorie ihre Zeit, in der sie allgemein akzeptiert wurde. Irgendwann ist irgendjemand auf offene Fragen gestoßen, hat Widersprüche oder zu große Abweichungen zwischen den beobachteten und den durch die Theorie vorhergesagten Ergebnissen gefunden. Die Mehrzahl der Beobachtungen kann durch die aktuelle Theorie erklärt und vorhergesagt werden. Aber es gibt auch solche, für die das nicht möglich ist, sie führen (vorausgesetzt. die Beobachtungen sind nicht falsch) zu neuen Ansätzen. Was an einer gegenwärtigen Theorie „wahr" ist und was nur glückliche Spekulation, kann niemand mit Sicherheit sagen.

5.3   Theorien und Beobachtungen formten das Verständnis der Welt

Astronomie bzw. Astrophysik sind ein gutes Beispiel dafür, wie sich das *theoriegestützte Wissen* im ständigen Wechsel mit der Beobachtung entwickelt hat. Bereits in ferner Vergangenheit beobachteten die Menschen die Zyklen der Natur, wie Tag und Nacht oder die Jahreszeiten. Eines Tages gab es Gelehrte, die ihre astronomischen Beobachtungen in Zahlentafeln aufschrieben. Abbildung 5.1 zeigt die grafische Darstellung solcher Zahlen in einer spätbabylonischen Zahlentafel [6]. Auf der Abszisse sind, zeitlich aufeinanderfolgend, die ermittelten Zahlen dargestellt, auf der Ordinate die Beobachtungswerte in Zahlzeichen, die wir heute allerdings nicht mehr verstehen. Grundsätzlich würden wir unsere Beobachtungen auch heute noch etwa so zeichnen (und vermutlich annehmen, dass es sich dabei um eine Sinuskurve handelt).

Es gab schon sehr früh Gelehrte, die sich Gedanken über den Aufbau der Welt machten und nach einer Erklärung z. B. für die beobachteten Zyklen suchten. Sie suchten nach dem, was wir heute ein „Weltbild" nennen. Zuerst stellten sie sich die Erde als Scheibe vor, später, in der griechischen Antike[1] als eine frei im Raum schwebende Kugel. Es entstand das geozentrische Weltbild (genauer: die geozentrische Planetentheorie). Durch dieses konnte man sich mit Hilfe der bereits in den Grundzügen bekannten Trigonometrie die beobachtbaren Zyklen erklären. Man hatte also eine Theorie, nach der die Erde im Mittelpunkt des Geschehens steht, und nach welcher die Gestirne um die Erde kreisen. Das geozentrische

---
[1] Heraklid von Pontos, 4. Jahrhundert v. u. Z. Ptolemäus, 2. Jahrhundert u. Z.

Weltbild hatte bis ins Mittelalter Bestand. (obwohl z. B. bereits Aristarch von Samos[2] an ihm zweifelte). Dieses Weltbild wurde vom heliozentrischen abgelöst, in dem die Sonne im Mittelpunkt steht. Die heliozentrische Planetentheorie geht im Wesentlichen auf Nicolaus Copernicus[3] zurück. Nach ihr kreisen die Planeten um die Sonne. Aber die tatsächlich beobachteten Bewegungen stimmten mit den theoretisch berechneten Bewegungen immer noch nicht zufriedenstellend überein. Es ist ja auch sehr schwierig: Der Beobachter steht auf einem Himmelskörper, der sich selbst dreht und außerdem um die Sonne kreist, er kann nur die scheinbaren Bewegungen der anderen Himmelskörper beobachten. Er möchte jedoch die Orte und Zeiten aller anderen Himmelskörper, die sich nach seiner Theorie bewegen, sehr genau beschreiben und vorhersagen können. Es gelang erst Kepler[4] ca. 100 Jahre später, die Planetenbahnen mit Hilfe von Ellipsengleichungen zu beschreiben und die Beziehung zwischen den Umlaufzeiten der Planeten und ihren Abständen zur Sonne zu entdecken. Doch die Wissenschaft entwickelte sich weiter. Sir Isaac Newton fand das fundamentale Gravitationsgesetz[5], mit welchem nun die Bewegungen der Planeten um die Sonne erklärt und die Masse der Planeten berechnet werden konnte. Danach hängt die Schwerkraft, d. h. die Anziehung der Himmelskörper, von ihrer Masse und Entfernung ab. Jetzt spielte Newtons Gravitationskonstante die zentrale Rolle. Doch auch die „Newtonsche Physik", wie wir sie heute nennen, wurde radikal revidiert, und zwar durch Einsteins spezielle Relativitätstheorie. Welch einen Weg hat doch die Wissenschaft seit der griechischen Antike zurückgelegt! Die Gravitationskraft ist eine sehr kleine Kraft und sie entzieht sich bisher dem direkten Nachweis. Deshalb ist sie heute eine der zentralen Fragen der physikalischen Grundlagenforschung und steht aktuell im Zentrum des wissenschaftlichen Interesses. Die Physik sucht nach dem Graviton, einem Elementarteilchen, das die Gravitationskraft vermittelt und hofft, dieses durch gezielte Experimente zu finden. Dafür benötigt man sehr große Teilchenbeschleuniger und baute u. a. dafür den Large Hadron Collider im CERN. Das Wechselspiel zwischen Beobachtung und Theorie führte in 3000 Jahren von der Erklärung der Erde als Scheibe bis hin zur Suche nach dem Graviton! Seit kurzem ist bekannt, dass man im CERN das von Peter W. Higgs theoretisch vorhergesagte Boson gefunden hat.

Heute sagt man, *Theorien reifen*, indem sie immer wieder hinterfragt werden; sie dürfen nicht im Widerspruch zu angrenzenden Theorien stehen und ihre Vorhersagen müssen durch Beobachtungen überprüft werden können. Es geht dabei nicht nur um Quantitatives, um das „wie viel" oder das „wie groß", sondern eigentlich um das „warum", also um das *Verstehen*. Dieser Prozess wird stets durch Beobachtungs- oder Messwerte begleitet. Es wird überall gemessen und gezählt. Die Daten müssen zuverlässig ausgewertet werden und dazu braucht man die Methoden der Stochastik. Sie ist *das* Hilfsmittel der empirischen Forschung schlechthin.

---

[2] Aristarch von Samos, 265 v. u. Z.

[3] Nicolaus Copernicus, 1473–1543.

[4] Johannes Kepler, 1571–1630.

[5] Newtonsches Gravitationsgesetz, 1666.

Abb. 5.2 Sonnenfleckenmaxima 1749 bis 1969, nach. [1]

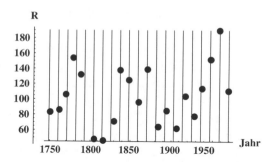

5.4 Empirisches Wissen allein erfasst nur einen Aspekt eines komplexeren Problems

Anfangs war unser „Wissen" wohl rein empirisch. Es bestand aus Beobachtungen und Messungen. Nehmen wir als Beispiel die Sonnenaktivität, die sich durch Zeitpunkt, Anzahl und die Intensität der Sonnenflecken in verschiedenen Zeitintervallen ausdrückt. Abbildung 5.2 zeigt die Sonnenfleckenmaxima zwischen 1750 und 1970, wie sie im Kalender für Sternfreunde [1] von 1972 angegeben sind. Diese Abbildung zeigt die aus *gleitenden Mittelwerten* entstandenen *geglätteten* relativen mittleren Maxima über der Zeit und beruht auf den Beobachtungen mehrerer Astronomen. Man interessierte sich für die Periodizität der Sonnenfleckenmaxima. Rechnerisch ergibt sich aus den Beobachtungen ein mittleres Intervall von 11 Jahren. Dieses ist durch senkrechte Linien in Abb. 5.2 eingezeichnet. Es scheint ganz gut zu stimmen. Der „große Sonnensturm von 1859", den der englische Astronomen Richard C. Carrington [4] am 1. September um 11 Uhr 18 beobachtete und der zu vielen ebenfalls beobachteten Effekten führte, ist in dieser Abbildung nicht zu erkennen. Er ist der Berechnung der gleitenden Mittelwerte zum Opfer gefallen. Denn jede Datenauswertung wird auf ein bestimmtes „Ziel" hin ausgerichtet. Wer nur nach einem „Mittelwert" sucht, wird keine anderen Eigenschaften der Beobachtungsdaten finden. Heute weiß man, dass Sonnenflecken Ausbrüche von energiereichen Teilchen und intensiver Röntgenstrahlung sind und dass sie durch Veränderungen im Magnetfeld der Sonne entstehen [4]. Wir verstehen die Entstehung von Sonnenflecken heute etwas besser und wissen, dass wir allen Grund haben, extreme Ausbrüche auf der Sonne zu fürchten: Sie könnten unsere Satelliten bedrohen, zu Beeinträchtigungen der elektronischen Kommunikation führen oder durch induzierte Ströme die Versorgung ganzer Gebiete mit Elektrizität gefährden. Das zu den Sonnenflecken führende Kausalgeschehen ist aber in weiten Teilen noch immer unbekannt und sicherlich sehr komplex. Ausbrüche sind auch heute *nicht vorhersagbar.* Die Periodizität von 11 Jahren ist für eine Vorhersage viel zu ungenau. Wir verfügen hier nur über ein typisches *empirisches Wissen,* das zwar nicht falsch ist, ein sehr kompliziertes Geschehen aber zu vereinfacht und grob beschreibt.

5.5 Theorien brauchen die Reproduzierbarkeit ihrer Voraussagen

Das *theoriegestützte Wissen* sucht nach den Ursachen für bestimmte Erscheinungen, d. h. nach einem Kausalgesetz. Dieses wird in der Regel durch eine mathematische Beziehung formuliert, durch ein mathematisches Modell. Dieses ermöglicht es, den interessierenden Effekt zu berechnen und vorherzusagen, z. B. den Ort eines Planeten zu einem bestimmten Zeitpunkt. Diesen Ort kann man auch beobachten und *messen*. Dabei entsteht eine Differenz zwischen dem Messwert und dem berechneten Wert. Das ist der *zufällige Fehler*, auf den sich viele statistische Auswertungen beziehen und der stets eine große Rolle spielt. Er lässt sich für eine einzelne Messung nicht vorhersagen. In wiederholten Messungen, also in ganzen Messreihen, hängt der mittlere Fehler von der Anzahl der Wiederholungen, der Genauigkeit des Messgerätes und der Sorgfalt der Messungen ab. In der Stochastik wird er durch ein *Wahrscheinlichkeitsmodell* ausgedrückt. Erst die Einbeziehung des Zufalls in Gestalt des zufälligen Fehlers macht es möglich, die Genauigkeit einer theoriegestützten Aussage durch wiederholte Beobachtungen zu quantifizieren. Dadurch werden Messungen vergleichbar und Experimente im Rahmen des zufälligen Fehlers reproduzierbar, so dass sie die gewünschte Beweiskraft erlangen. Man braucht also auch zur Verifizierung des theoriegestützten Wissens die Stochastik.

5.6 Beschreibende Modelle

Empirisches Wissen gewinnt man bereits nur durch das Beobachten von Phänomenen oder das Messen von Zusammenhängen. Die untersuchten Phänomene müssen weder theoretisch voraussagbar noch kausal erklärbar sein. Ein lediglich beobachteter Zusammenhang zwischen verschiedenen Größen ist eine *Korrelation*. Dieser Zusammenhang kann auch ein scheinbarer sein, nämlich dann, wenn die eine Größe nicht die Ursache und die andere nicht die Wirkung in einem Kausalgeschehen ist, sondern wenn die beiden Größen z. B. eine gemeinsame Ursache haben. So besteht zwischen der Armlänge und der Beinlänge des Menschen eine Korrelation. Hat jemand eine große Armlänge so hat er meistens auch eine große Beinlänge. Die beiden Maße sind miteinander korreliert. Die Ursache ist aber die Körperhöhe, denn große Menschen haben längere Arme und Beine als kleine Menschen. Zur Beschreibung solcher Gesetzmäßigkeiten genügt es, die beobachteten Daten durch ein möglichst einfaches mathematisches Modell zu beschreiben. Ein solches Modell muss nicht einmal zu einer gegebenen Theorie passen; Es soll lediglich *hinreichend anpassungsfähig* sein, um das beobachtete Resultat genau genug auszudrücken und es soll dabei so *einfach wie möglich* sein. Je größer nämlich die Anzahl freier Parameter im Modell ist, umso größer ist der erforderliche Datenumfang und umso ungenauer wird die statistisch gewonnene

Aussage bei gleichem Datenumfang. Man bevorzugt in der Praxis lineare Modelle[6] mit möglichst wenigen freien Parametern. Das empirische Wissen beantwortet nie die Frage nach dem *Warum*, sondern nur die nach dem *Wie*. Rein empirische Studien finden ihre Anwendung z. B. in der Industrie, etwa zum Bestimmen optimaler technologischer Schritte oder für die Auswahl und den Anteil verschiedener Einflussgrößen zur Herstellung eines Produktes mit gewünschten Eigenschaften. Statt einer begründeten Theorie wird nur ein geeignetes Wahrscheinlichkeitsmodell verwendet. Dessen Parameter werden aus beobachteten Daten mit Hilfe der Stochastik bestimmt. Der empirische Weg wird meistens in den Fällen gewählt, in denen das eigentliche Problem zu komplex ist oder das theoriegestützte Wissen nicht ausreicht. Empirisches Wissen ist nicht in dem Maße verallgemeinerbar wie theoriegestütztes Wissen.

5.7   Poppers Wolken und Uhren

Nicht jedes beobachtbare Geschehen passt in die Zweiteilung „theoriegestützt" oder „empirisch". K. E. Popper [5] veranschaulichte das, indem er zwischen physikalischen Systemen vom Typ *Wolken* und *Uhren* unterschied. Mit Wolken meint er Systeme, die sich ungleichmäßig und ungeordnet entwickeln und deren künftiger Zustand schlecht vorhergesagt werden kann. Mit Uhren bezeichnet er physikalische Systeme vom Typ einer Pendeluhr, also regelhaft und geordnet, und in hohem Maße voraussagbar. Unser Beispiel über die Planetenbahnen wäre vom Typ der Uhren. Das über die Sonnenflecken vom Typ der Wolken. Das Wissen vom Typ Uhren enthält viel Theorie und wenig Empirie, das Wissen über Wolken dagegen viel Empirie und wenig Theorie. In manchen Wissensgebieten, wie technologische Untersuchungen, die im vorigen Abschnitt erwähnt wurden, ist es sogar nötig, ohne Theorie, nur auf der Grundlage von Beobachtungen, Aussagen zu machen. Doch auch das ist nicht immer möglich, wie es die derzeitige Unvorhersagbarkeit z. B. von Aktienkursen oder Erdbeben lehrt.

5.8   Meistens muss man schon etwas wissen um etwas anderes erkennen zu können

Ohne theoretische Annahmen, Vorinformationen oder zielgerichtete Fragen kann eine Datenauswertung nur selten zu einer „empirischen Erkenntnis" führen. Angenommen, jemandem wird eine Folge von 5000 Ziffern vorgelegt, die mit 14159265358979323846264338328 beginnt. Er soll herausfinden, worum es sich handelt.

---

[6] In diesem Zusammenhang heißen auch Polynome „linear", weil ihre Koeffizienten linear in bezug auf die Potenzen der Variablen sind.

Um eine statistische Untersuchung durchzuführen, würde er beginnen, die Häufigkeit der einzelnen Ziffern zu zählen. Er fände, dass es am plausibelsten ist, diese Daten als eine Realisierung von Zufallszahlen anzusehen, die gleichmäßig verteilt sind (d. h. jede Ziffer kommt mit der gleichen Wahrscheinlichkeit vor). Er würde nicht erkennen, dass es sich bei den Ziffern um die nach dem Komma stehenden Ziffern der Zahl π handelt. Um das zu erkennen, müsste er auf die *Reihenfolge* der Ziffern achten und wissen, dass es die Zahl π gibt. Hätte ihm jemand gesagt, dass diese Ziffern etwas mit dem Umfang und dem Durchmesser eines Kreises zu tun haben, ihm also vorab eine gewisse Information gegeben, so hätte er die Zahlenfolge möglicherweise erkannt und weitere Ziffern genau angeben können. Um etwas zu finden, muss man wissen, wonach man sucht!

Wir sahen, dass empirisches Wissen aus beobachteten Daten gewonnen werden kann, egal ob dahinter ein Modell theoretischer oder empirischer Art steht. Aber immer muss das Ziel der Untersuchung klar sein und immer kommt der Zufall ins Spiel. Dabei ist es einerlei, aus welchem Wissensgebiet die Aufgabe stammt, es kann alles sein zwischen Marktforschung und Teilchenphysik. In jedem Fall braucht man zur Verallgemeinerung der gewonnenen Information ein *Wahrscheinlichkeitsmodell*. Die Stochastik wertet die Beobachtungsdaten mit Hilfe von Wahrscheinlichkeitsmodellen aus und kommt mit speziellen Methoden zur gesuchten Information. Um diesen Weg zu verstehen, müssen wir zunächst klären, was in diesem Zusammenhang unter den Begriffen *Zufall* und *Wahrscheinlichkeit* zu verstehen ist.

Wichtige Begriffe

theoriegestütztes Wissen	Erklärt die Effekte durch ihre Ursachen, fragt nach dem „Warum".
empirisches Wissen	Beschreibt die Effekte durch Modelle, fragt nach dem „Wie".
gleitende Mittelwerte	Mittelwerte aus Teilfolgen meist zeitabhängiger Messwerte, sie werden dadurch „geglättet".
mathematisches Modell	Formel für einen theoretischen Zusammenhang, z. B. das Keplersche Gesetz der Planetenbewegung
zufälliger Fehler	Zufällige Abweichung eines Messwertes vom wahren Wert.
Korrelation	Empirisch ermittelter Zusammenhang.

Literatur

1. Ahnert, P.: Kalender für Sternfreunde, S. 168. Johann Ambrosius Barth, Leipzig (1972)
2. Davies, P., Gribbin, J.: Auf dem Weg zur Weltformel. Komet, Köln (1995)
3. Ford, K. W.: Wie klein ist klein? Ullstein Buchverlage, Berlin (2008). (Übersetzung aus d. Amerikanischen, The quantum world. Quantum physics for everyone, Harvard University Press, Cambridge. London (2004))
4. Holman, G. D.: Explosionen auf der Sonne. Spektrum der Wissenschaften. **6**, 40 (2006)
5. Popper, K.: Objektive Erkenntnis, ein evolutionärer Entwurf. Hoffmann und Campe, Hamburg (1994)
6. Wußing, H.: 6000 Jahre Mathematik I. Springer, Berlin (2008)

Der Zufall

6

> Der Zufall ist der zentrale Begriff in der mathematischen Statistik. Es ist der Ausdruck für unser Unwissen darüber, vor dem Experiment nicht sagen zu können, welchen der möglichen Werte eine Größe im Experiment annehmen wird. Viele denken, zufällige Ereignisse hätten keine Ursache. Das ist nicht der Fall. Sie haben meistens sogar viele Ursachen, wir kennen sie aber nicht oder können sie nicht erfassen. Eine Ausnahme existiert in der modernen Physik, denn in der Quantenmechanik scheint ein „echter" Zufall zu existieren.

6.1 Was verstehen wir unter dem Begriff „Zufall"?

„Ich glaube nicht an den Zufall" sagte der Kunde und kaufte sich einen Lottoschein. – Das ist ein typisches Beispiel für die zwiespältige Haltung vieler Menschen zum Zufall. Die Methoden der Stochastik beruhen prinzipiell und durchweg auf der Beobachtung zufälliger Größen. Was haben wir dabei unter dem Begriff *Zufall* verstehen? Lambert Adpolph Jaques Quételet (1796–1847, belgischer Astronom und Statistiker) schrieb darüber: „Zufall, jenes mysteriöse, viel missbrauchte Wort, ist nichts anderes als eine Verschleierung unseres Unwissens." Diese Ansicht verbannt alles Geheimnisvolle aus dem Begriff Zufall und erlaubt es, mit dem Zufall unbefangen und sachlich umzugehen. Wir schließen uns dieser Ansicht an.

In der Nähe meiner Wohnung ist ein kleiner Parkplatz. Meistens stehen auf ihm einige Autos. Mal sind es zwei, mal fünf, seltener zehn oder gar keines. Wer diesen Parkplatz aufsucht, führt ein *zufälliges Experiment* durch, denn er weiß bei der Ankunft nicht, wie viele Autos gerade auf diesem Parkplatz stehen. Die veränderliche Anzahl von Autos ist eine *zufällige Größe*. Mehr als 15 Autos können es nicht sein, denn dazu reicht der Platz nicht.

G. Härtler, *Statistisch gesichert und trotzdem falsch?*, Springer-Lehrbuch, DOI 10.1007/978-3-662-43357-7_6, © Springer-Verlag Berlin Heidelberg 2014

Die mögliche Anzahl der Autos auf diesem Parkplatz ist also nach unten durch die Zahl 0 und nach oben durch die Zahl 15 begrenzt. Unsere zufällige Größe kann alle Werte im Bereich von 0 bis 15 annehmen. Falls die Gemeinde feststellen wollte, ob dieser Parkplatz wirklich gebraucht wird, könnte sie die Anzahl der Autos zu unterschiedlichen Zeitpunkten zählen, die mittlere Anzahl ausrechnen und registrieren, wie oft die maximale Anzahl erreicht wurde. Damit könnte sie auf den Bedarf an Stellplätzen schließen, vorausgesetzt, die Anzahl der parkenden Autos ist nicht fast immer 15. Aber auch dann könnte sie wenigstens schlussfolgern, dass mehr Parkplätze gebraucht werden. Die momentane Anzahl von Autos auf dem Parkplatz ist die *Realisierung einer zufälligen Größe*. Dieser alltägliche Begriff „Zufall" ist nicht geheimnisumwittert und niemand wird behaupten, dass es ihn nicht gäbe. So versteht die Stochastik den Begriff Zufall.

Viele Menschen verstehen unter dem Begriff Zufall etwas anderes. Sie assoziieren ihn mit der Kausalität und stellen sich ein zufälliges Ereignis als eines vor, das keine Ursache hat. Das ist in unserem Parkplatz-Beispiel natürlich nicht der Fall. Jedes Auto wird aus einem ganz bestimmten Grund auf diesem Parkplatz abgestellt: Ein Fahrer ist beim Zahnarzt, der in der Nähe praktiziert, eine Fahrerin kauft ein im nahegelegenen Supermarkt, ein anderer geht mit dem Hund spazieren, usw. Die *Anzahl* der Autos zu einem bestimmten Zeitpunkt ist aber dennoch *zufällig*, denn sie ist nicht vorhersagbar. Es gibt viele Autofahrer und diese haben viele Gründe, genau zu dieser Zeit genau dort zu parken. Jeder hat seinen Grund und damit hat auch jede Zahl von Autos ihre Ursachen. Die Anzahl von Autos ist nur deshalb eine zufällige Größe, weil wir sie nicht vorhersagen können. Uns ist nicht bekannt, wie viele Autofahrer diesen Parkplatz gelegentlich benutzen, ob gerade jetzt jemand mit dem Auto zum Zahnarzt gefahren ist, gerade jetzt einkaufen möchte oder mit dem Hund spazieren geht. Wir wissen nicht, ob ein Ortsfremder vorbei kommt, den Parkplatz sieht und ihn nutzt. Die alltäglichen Untersuchungen, in denen die Stochastik anwendet wird, beziehen sich auf diese Art von Zufall. Auch die jährliche Anzahl der Geburten in Hinterbergsdorf ist eine *zufällige Zahl*, die Anzahl der Mädchen darunter auch und ebenfalls die Anzahl der Mädchen, die Ulrike genannt werden.

6.2   Eine Realisierung einer zufälligen Größe ist nicht mehr zufällig

Sind die Autos, Geburten, Mädchen oder Ulrikes erst gezählt, so ist die festgestellte Anzahl natürlich nicht mehr zufällig. Es ist dann eine feste Zahl. Statistiker sprechen von einer *Realisierung* der *zufälligen Größe*. Denn die Zahl 8 der Autos, die gerade jetzt auf dem Parkplatz stehen, die 24 Geburten im Jahr 2010 in Hinterbergsdorf, die 11 Mädchengeburten darunter und die 3 Mädchen mit dem Namen Ulrike sind einfach feste Zahlen. Keine kann und wird sich noch verändern. Es sind Beobachtungswerte, unsere Daten. Diese stehen für die statistische Auswertung zur Verfügung.

Nun wird aber nicht nur gezählt, sondern auch gemessen. In diesem Sinne sind auch die noch unbekannten Messwerte *zufällige Größen* und die tatsächlich gemessenen Werte ihre

Realisierungen. Angenommen, ich untersuche das Merkmal „Körperhöhe" von Kindern eines bestimmten Alters, weil ich die mittlere Körperhöhe und die Streuung der Körperhöhen ermitteln möchte. Dazu kann ich in eine geeignete Schulklasse gehen und Kinder des entsprechenden Alters messen. Ich finde dort einige Kinder, die für ihr Alter klein sind, viele mittelgroße und einige große. Die individuelle Körperhöhe ist eine zufällige Größe. Die gemessenen Werte sind ihre Realisierungen und alle Messwerte zusammen bilden eine Stichprobe. Diese Messwerte streuen um einen mittleren Wert. Die gemessene Körperhöhe eines jeden einzelnen Kindes jedoch ist eine Realisierung der zufälligen Größe „Körperhöhe" und damit ein fester Wert. Die Messwerte aller Kinder unserer Stichprobe sind die ermittelten *Daten.*

6.3   Die relative Häufigkeit aller Realisierungen einer zufälligen Größe ist der Ausgangspunkt und die wichtigste Information jeder statistischen Auswertung

Die Erfassung der Daten schafft die Grundlage jeder statistischen Auswertung. Durch sie erhalten wir Auskunft darüber, wie oft gleichartige Realisierungen einer zufälligen Größe in einer Folge von Experimenten vorgekommen sind. Wenn ich an 5 Sonntagen morgens um 10 Uhr die Anzahl der Autos auf dem Parkplatz gezählt hätte und es wären (in der Reihenfolge der Sonntage) 0, 1, 3, 0, 0 gewesen, so ist die *Häufigkeit* der Realisierung des Wertes 0 der zufälligen Größe eine „3", die des Wertes 1 eine „1", und die des Wertes 3 auch eine „1". Das sind die *absoluten Häufigkeiten* gleicher Realisierungen der zufälligen Größe „Anzahl der Autos". Die *relativen Häufigkeiten* werden berechnet, indem die absoluten Häufigkeiten durch die Gesamtzahl der Beobachtungen geteilt werden. Es ergeben sich also folgende Werte: Für die 0 ist es 0,6, für die 1 und für die 3 ist es jeweils 0,2. Mit diesen Zahlen lässt sich über der Achse der zufälligen Veränderlichen eine Häufigkeitsverteilung zeichnen. So ist das Histogramm für die Sonnenöl-Marken in Abb. 3.1 entstanden und in Tab. 2.2 sind die Anzahlen der beobachteten Messwerte in den verschiedenen Klassen ebenfalls Häufigkeiten.

6.4   Viele verspüren ein Unbehagen angesichts zufälliger Ereignisse

Die Stochastik verwendet den Begriff Zufall völlig pragmatisch. Jede Untersuchung, die zu unterschiedlichen und nicht vorhersagbaren Ergebnisse führen kann, ist ein zufälliges Experiment. Der Prozess, der zu den unterschiedlichen Ergebnissen im Experiment führt, ist nicht erkennbar und für die Untersuchung auch nicht von Interesse. Die meisten Leute, die nichts mit Wahrscheinlichkeitsrechnung oder Statistik zu tun haben, fragen lieber, *wodurch* ein bestimmtes zufälliges Ereignis zustande kommt (sie fragen nach der

Ursache) und noch lieber, was die verschiedenen Resultate des zufälligen Experiments für sie persönlich *bedeuten* könnten. Sie empfinden den Zufall als geheimnisvoll, bedrohlich oder schicksalhaft und denken gern darüber nach, ob er für sie Glück oder Unglück bringt. Viele behaupten auch, grundsätzlich nicht an Zufälle zu „glauben" und mystifizieren ihn so. Der Psychologe Daniel Kahnemann [2] unterscheidet in unserem Denken zwischen zwei Systemen, die dem Menschen angeboren sind. Dem schnellen intuitiven „System 1", das automatisch und ohne willentliche Steuerung funktioniert, und dem langsamen rationalen „System 2", das eine anstrengendere mentale Leistung vollbringt. Dort findet man (im Teil I, Abschn. 6) den Satz: „*Wir sind offensichtlich von Geburt aus darauf eingestellt, Eindrücke von Kausalität zu haben, die nicht davon abhängen, ob wir über die Muster der Verursachung nachdenken. Sie sind Produkte von System 1.*" Vielleicht ist das eine Erklärung dafür, weshalb für viele Menschen der Zufall gefühlsmäßig eher etwas Unangenehmes ist.

6.5   Der Zufall in Erkenntnistheorie und Physik

Erkenntnistheoretisch bzw. philosophisch wird der Begriff „Zufall" meistens breiter gefasst und anders verstanden als in der Stochastik. Auch dort fragt man nach der Kausalität eines Geschehens. Was ist es, das zu diesem Resultat führt? Es geht um die Ursache. Das Fehlen und nicht Erkennen von Ursachen ist irritierend und erscheint vielen Menschen mystisch. Auch Naturwissenschaftlern. Die klassische Physik betrachtet den Zufall ausschließlich als Ergebnis des Nichtwissens, nämlich „es in diesem Fall praktisch nicht wissen zu können". Alles, was in der Welt geschieht, wird als „im Prinzip beobachtbar" oder „im Prinzip theoretisch vorhersagbar bzw. berechenbar" vorausgesetzt. Inzwischen hat sich das entscheidend geändert. Es gibt die Quantenmechanik, ein Gebiet der Physik, in der zufällige Zustände und Wahrscheinlichkeiten vorkommen. Dieses Gebiet scheint sogar das Fundament von allem zu sein. Dort ist es *prinzipiell* nicht voraussagbar, wann ein Teilchen aus einem Zustand A in einen Zustand B „springt", ob es in einem bestimmten Zeitintervall überhaupt „springt" und wenn ja, in welchen aller möglichen Zustände B_1, B_2... Die Quantenmechanik beunruhigt viele Physiker, denn die Gesetze der subatomaren Welt erweisen sich immer mehr als Gesetze des Zufalls. Man kann ihre Gesetze nur mit Hilfe der Wahrscheinlichkeit mathematisch erfassen und beschreiben. Dort gilt z. B. Schrödingers Wellenfunktion und die ist prinzipiell unbeobachtbar. Die subatomaren Teilchen erweisen sich zu allem Überfluss noch gleichzeitig als Teilchen und Wellen. Lediglich das Absolutquadrat der Wellenfunktion ist beobachtbar und wird als Wahrscheinlichkeit interpretiert. Dass im Subatomaren der Zufall regiert, das mochten viele Physiker nicht glauben. In einem Brief von Albert Einstein an Max Born (1926) findet man den bekannten und viel zitierten Satz: „...*Die Quantenmechanik... liefert viel, aber dem Geheimnis des Alten (Gottes) bringt sie uns kaum näher. Jedenfalls bin ich überzeugt, dass der nicht würfelt*" [5]. Begriffe aus der Quantenmechanik, wie die Wellenfunktion, der Welle-Teilchen-Dualismus oder die Unschärferelation sind bis heute eine Quelle des Nachdenkens und Spekulierens über die

Natur des Zufalls geblieben. Wir erforschen trotzdem die Grundlagen unserer Welt im Kleinsten, etwa indem wir Teilchen mit hoher Geschwindigkeit und Energie aufeinander schießen. Dabei zerfallen diese Teilchen *zufällig* und es entstehen *zufällig* neue, deren Lebensdauer ist auch *zufällig*, usw. Alles das sind *zufällige Experimente*. Sie werden unter genau definierten Bedingungen vielfach wiederholt, gleichartige Beobachtungen werden gezählt und so Daten gewonnen, die Realisierungen zufälliger Größen sind. Man denkt heute, dass die bekannten Elementarteilchen wirklich die kleinsten Bausteine unserer Welt sind. Eines davon, das Higgs-Teilchen, das als Träger der Gravitation angesehen wird, wurde bis zum Jahre 2012 noch nicht beobachtet. Um es zu erzeugen, braucht man Energien, die damals noch nicht realisierbar waren. Am 4. Juli 2012 hat CERN bekannt gegeben, dass es mit sehr großer statistischer Sicherheit ein Teilchen beobachtet hat, das vermutlich das gesuchte Higgs-Teilchen ist. Man hat auch hierzu die Stochastik angewendet.

Was dachte man in der Vergangenheit über den „echten" Zufall? Das 18. und 19. Jahrhundert brachte große Fortschritte in Mathematik und Physik. Die Infinitesimalrechnung machte es möglich, Bewegungen, Geschwindigkeiten, Zusammenhänge von Kräften, Bahnen von Himmelskörpern u.ä. durch Differentialgleichungen, die eindeutige Lösungen besitzen, zu beschreiben. Man konnte damit z. B. die Bewegungen der Planeten und anderer Himmelskörper sehr genau voraussagen. Kannte man die entsprechende Differentialgleichung und legte ihre Anfangs- und Nebenbedingungen fest, so konnten Ort und Bahn eines Himmelskörpers genau berechnet werden. Es entstand ein optimistischer Glaube an die Determiniertheit aller Vorgänge, den wir heute den klassischen Determinismus nennen. Aus dieser Periode stammt der Begriff des „Laplaceschen Dämons", benannt nach dem Mathematiker und Physiker Pierre Simon Laplace (1749–1827). Er schrieb:„*Eine Intelligenz, welche für einen gegebenen Augenblick alle in der Natur wirkenden Kräfte sowie die gegenseitige Lage der sie zusammensetzenden Elemente kennte, und überdies umfassend genug wäre, um diese gegebenen Größen der Analysis zu unterwerfen, würde in derselben Formel die Bewegungen der größten Weltkörper wie des leichtesten Atoms umschließen; nichts würde ihr ungewiss sein und die Zukunft wie Vergangenheit würden ihr offen vor Augen liegen.* " [6]. Mit anderen Worten, er glaubte, im Prinzip sei alles vorhersagbar und nichts wäre zufällig.

Diese Ansicht konnte sich jedoch nicht halten. Es wurde immer klarer, dass es keineswegs möglich ist, alle Erscheinungen der materiellen Welt deterministisch und kausal zu erklären und durch wenige mathematische Formeln auszudrücken. Dazu ist die Welt viel zu komplex. Aber man hatte die Hoffnung, es eines Tages doch zu können. Der Astronom und Geodät Friedrich Wilhelm Bessel (1784–1846) hat sich in einem Vortrag vor den Physikalischen Gesellschaft folgendermaßen geäußert [4]: „*Ein Gewitter, welches die Sonne verdunkelt, heißt Zufall; eine durch den Mond verursachte Sonnenfinsternis heißt nicht Zufall; von dem einen Ereignisse wissen wir nicht die Ursachen, von dem anderen sind sie uns sehr bekannt; – es hat aber eine Zeit gegeben, wo eine Finsternis auch Zufall hieß – viele Dinge, welche jetzt Zufall heißen, werden in der Folge diesen Namen verlieren,...* "

6.6   Das deterministische Chaos und Fraktale

Heute kennen wir noch einen weiteren Typ des Zufalls. Er entsteht rein deterministisch und ist das Resultat gewisser mathematischer Operationen. Manche Berechnungen von nichtlinearen dynamischen Systemen führen nämlich zu Ergebnissen, die nach einer gewissen Anzahl von Iterationen und bei sehr kleinen Veränderungen der verwendeten Parameterwerte stark zu schwanken beginnen. Diese Schwankungen sind prinzipiell unvorhersagbar. Diese „zufälligen" Werte sind (meistens) Funktionen der Zeit. So lässt sich z. B. die Entstehung von Turbulenzen in Gasen oder Flüssigkeiten erklären. Man nennt diese Erscheinungen ein „deterministisches Chaos" [2]. Über den engen Rahmen der Mathematik hinaus allgemein bekannt wurde eine ähnliche Art von Zufall durch Benoit B. Mandelbrod [3] und die von ihm gewählten Begriffe „Selbstähnlichkeit" und „Fraktal". Er beschreibt damit Größen, wie die Länge von Küstenlinien und benutzt zu ihrer Messung eine fraktale Dimension. Mit Fraktalen lassen sich verschiedene Erscheinungsformen in der Natur simulieren. Mandelbrod schlägt auch vor, die in der Finanztheorie bisher verwendeten und von ihm kritisierten stochastischen Modelle durch Fraktale zu ersetzen [4]. Der Hauptansatz seiner Kritik ist die verbreitete Anwendung der Normalverteilung auf diese Zufallsgrößen. Sie ist historisch bedingt, offensichtlich handelt es sich dabei um ein unzutreffendes Wahrscheinlichkeitsmodell.

6.7   Der Zufall braucht ein Maß, es ist die Wahrscheinlichkeit

Unser Zufallsbegriff ist also rein pragmatisch. Alle Experimente oder Prozesse, die zu nicht vorhersagbaren Ergebnissen führen, sind für die Stochastik zufällige Experimente. Ob es nun die Anzahl der Autos auf unserem Parkplatz ist, die Körperhöhe eines bestimmten Kindes in der betrachteten Schulklasse, die Anzahl der Teilchen-Ereignisse in einem Experiment im LHS (Large Hadron Collider) im CERN oder der Wert einer Aktie zu einem bestimmten Zeitpunkt; es sind alles zufällige Größen im Sinne der Stochastik. Auch Experimente, die vollständig determinierte Prozesse untersuchen, liefern zufällige Ergebnisse, weil die Messwerte stets durch einen zufälligen Messfehler beeinflusst sind. Vollkommen genaue Messungen sind in der realen Welt nicht möglich. Das ideale Experiment eines vollständig determinierten Prozesses hätte stets ein mit absoluter Genauigkeit reproduzierbares Ergebnis. Würde es unter identischen Bedingungen wiederholt, so wäre das Ergebnis dieses Experiments mit dem des vorangegangenen identisch (z. B. eine bestimmte Zahl). Die Ergebnisse realer Experimente streuen jedoch und die Resultate der einzelnen Wiederholungen sind unterschiedlich. Das Anliegen der Methoden der mathematischen Statistik bzw. Stochastik ist es, Informationen über zufällige Größen zu gewinnen. Dazu brauchen wir ein Maß für den Zufall; es ist die Wahrscheinlichkeit.

Wichtige Begriffe

Zufälliges Experiment	Prozess, Versuch, Messung mit mehreren möglichen, jedoch nicht vorhersagbaren Ergebnissen.
Zufällige Größe	Eines der möglichen Ergebnisse eines zufälligen Experiments.
Realisierung einer zufälligen Größe, Beobachtungswert	Beobachteter Wert, er ist nicht mehr zufällig
Relative Häufigkeit	Anzahl der Realisierungen eines Wertes der zufälligen Größe, geteilt durch die Gesamtzahl der Beobachtungen.

Literatur

1. Bessel, F.W.: Ueber Wahrscheinlichkeits–Rechnung, ca. 1850, Meyers Volksbibliothek für Länder- Völker- und Naturkunde, 70. Bd. Hildburghausen, New York (ca. 1850)
2. Kahnemann, D.: Schnelles Denken, langsames Denken. Siedler, München (2012)
3. Mandelbrot, B.B.: Die fraktale Geometrie der Natur. Birkhäuser, Basel (1987)
4. Mandelbrot, B.B., Hudson R.L.: Fraktale und Finanzen. Piper, München (2007)
5. Stewart, I.: Spielt Gott Roulette? Birkhäuser, Basel (1990)
6. Wußing, H.: 6000 Jahre Mathematik, Bd. 2. Springer-Verlag, Berlin (2008)

Was ist „Wahrscheinlichkeit"?

Die Wahrscheinlichkeit ist das Maß für den Zufall. Wir erklären den Begriff hier lediglich intuitiv und verstehen unter der Wahrscheinlichkeit eines bestimmten Wertes einer zufälligen Größe seine relative Häufigkeit in einer unendlich langen Beobachtungsreihe. Dabei stellen wir es uns nur vor, dass das zufällige Experiment unendlich oft durchgeführt wurde. Die Wahrscheinlichkeit ist eine Zahl zwischen Null und Eins. Das unmögliche Ereignis hat die Wahrscheinlichkeit Null und das sichere die Wahrscheinlichkeit Eins. Im Laufe der Zeit wurde die Wahrscheinlichkeit unterschiedlich definiert. Heute gibt es eine mathematisch korrekte Definition der Wahrscheinlichkeit, die auf Ereignismengen und Axiomen beruht. Sie ist allgemein gültig und logisch einwandfrei.

7.1 Wie man sich eine Wahrscheinlichkeit vorstellen kann

Erinnern wir uns an den Parkplatz und die zufällige Anzahl von Autos, die dort parkt. Manchmal ist dieser Parkplatz vollständig besetzt und manchmal nicht. Wie groß ist die Wahrscheinlichkeit dafür, dass er besetzt ist, und zwar an einem Werktag vormittags? Wie groß an einem Sonntag spät abends? Der Parkplatz kann 15 Autos aufnehmen. Die Zahl, um die es dabei geht, ist die zufällige Anzahl der Autos zum interessierenden Zeitpunkt. Die Zahl, deren Wahrscheinlichkeit mich interessiert, ist die Zahl 15. Es ist die maximal mögliche Anzahl. Die *Wahrscheinlichkeit* des Wertes 15 ist das Maß für meine Chance (eigentlich für mein Pech), keinen Platz mehr zu finden. Dazu stelle ich mir etwa folgendes vor: Ich wollte sehr oft zu einem vergleichbaren Zeitpunkt dort parken (fast unendlich oft) und es gab eine gewisse Anzahl vergeblicher Versuche, weil der Parkplatz besetzt war.

G. Härtler, *Statistisch gesichert und trotzdem falsch?*, Springer-Lehrbuch,
DOI 10.1007/978-3-662-43357-7_7, © Springer-Verlag Berlin Heidelberg 2014

Daraus kann ich die relative Häufigkeit der vergeblichen Versuche ausrechnen. War es beispielsweise die Hälfte aller Versuche, dann ist die relative Häufigkeit 0,5 bzw. 50 % aller Versuche. Die Wahrscheinlichkeit verstehen wir als den Grenzwert dieser relativen Häufigkeit, nämlich für unendlich viele Versuche. Im Beispiel wäre die Wahrscheinlichkeit dafür, dass dort schon 15 Autos parken, 0,5. Die „Wahrscheinlichkeit" ist stets eine Zahl zwischen 0 und 1. Im Beispiel könnte die Wahrscheinlichkeit für einen voll besetzten Parkplatz an einem Werktag vormittags ziemlich groß sein, also nahe bei Eins, und an einem späten Sonntagabend ziemlich klein, d. h. nahe bei Null. In jedem einzelnen zufälligen Experiment trifft aus der Menge aller möglichen zufälligen Ereignisse eines zu. Deshalb ist die Summe der Wahrscheinlichkeiten aller möglichen zufälligen Ereignisse gleich Eins.

Dem mathematisch geschulten Leser wird diese Erklärung des Wahrscheinlichkeitsbegriffs missfallen, ihm werden vielleicht die Haare zu Berge stehen, denn damit kann er nicht zufrieden sein. Sie ist eigentlich ein Zirkelschluss und damit unlogisch. Was ist eine „fast unendlich lange" Folge von Versuchen und was ein „gewisser Anteil" davon? Und was bedeutet es, dass diese gedachten Versuche unter „gleichen Bedingungen" wiederholt werden müssen? Wir wollen deshalb kurz auf die geschichtliche Entwicklung der Definition des Wahrscheinlichkeitsbegriffs eingehen. Vorläufig beschränken wir uns noch auf unsere vage Erklärung. Danach ist das Maß „Wahrscheinlichkeit" immer eine Zahl zwischen beinahe Null und beinahe Eins. Je seltener das zufällige Ereignis stattfindet, umso kleiner ist seine Wahrscheinlichkeit und umso näher ist dieses Maß der Null. Je häufiger es vorkommt, umso größer ist seine Wahrscheinlichkeit und umso näher ist dieses Maß der Eins. Die Summe der Wahrscheinlichkeiten aller möglichen zufälligen Ereignisse ist immer gleich Eins, denn eines von ihnen muss ja stattfinden.

7.2 Unwahrscheinlich oder unmöglich, sehr wahrscheinlich oder sicher

Zwischen einer Wahrscheinlichkeit, die nur nahe bei null ist, und der Wahrscheinlichkeit, die genau Null ist, gibt es einen prinzipiellen Unterschied. Ein Ereignis mit der *Wahrscheinlichkeit Null* findet nie statt, denn es ist *unmöglich*. Ein zufälliges Ereignis, das mit einer sehr kleinen Wahrscheinlichkeit stattfindet, ist zwar sehr selten, aber möglich. Es ist nur *unwahrscheinlich*. Den Unterschied zwischen „unmöglich" und „unwahrscheinlich" drückte E.J. Gumbel [1] in seinem Buch über die Statistik von Extremwerten treffend aus, indem er schrieb: „Il est impossible que l'improbable n'arrive jamais" (es ist unmöglich, dass das Unwahrscheinliche nie passiert). Der Unterschied zwischen *unmöglich* und *unwahrscheinlich* ist sehr wichtig: Ein Erdbeben von bisher noch nie beobachteter Stärke ist nicht unmöglich, es ist glücklicherweise nur unwahrscheinlich. Unmöglich ist es dagegen, dass der Kaffee in meiner Tasse ohne zusätzliche Wärmezufuhr einen ganzen Tag lang warm bleibt. Ein Ereignis mit der *Wahrscheinlichkeit Eins* ist ein sicheres Ereignis, es findet immer statt. Der Kaffee in meiner Tasse kühlt sich in entsprechender Zeit bis auf die

Zimmertemperatur ab. Das ist sicher. Es ist aber unwahrscheinlich, dass das passiert, denn ich werde den Kaffee mit großer Wahrscheinlichkeit vorher trinken. Sichere Ereignisse sind Resultate von Prozessen oder Experimenten, die *immer* zum gleichen Ergebnis führen. Ereignisse, deren Wahrscheinlichkeit nahe bei Eins liegt, kommen zwar sehr häufig vor, müssen es aber nicht. Zeitungen schreiben dann meistens, dieses Ereignis findet „mit an Sicherheit grenzender Wahrscheinlichkeit statt".

7.3   Es gibt den Zufall für diskrete und für kontinuierliche Größen

Die Menge aller möglichen zufälligen Ereignisse besteht nicht immer aus deutlich unterscheidbaren Größen, z. B. aus den natürlichen Zahlen. Das ist eine „diskrete Menge". Es kann sich auch um dicht beieinander liegenden Einzelereignisse handeln, um „kompakte Mengen" oder „kontinuierliche Größen". Beispielsweise um die Entfernung zwischen zwei Punkten. Angenommen, das Experiment besteht darin, einen Pfeil auf eine kreisförmige Zielscheibe mit markiertem Mittelpunkt zu werfen. Mit jedem Wurf kann die Scheibe an irgendeiner Stelle getroffen werden oder sie wird verfehlt. Je nachdem, wie begabt und geübt der Werfer ist, werden sich die Treffer auf einem größeren oder kleineren Teil der Scheibe verteilen, und einige Pfeile werden die Scheibe verfehlen. Definieren wir die zufällige Größe so, dass wir nur zwischen der Treffen der Scheibe und dem Verfehlen unterscheiden, so ist es eine diskrete Menge. Sie hat nur zwei Elemente: Getroffen oder verfehlt. Definieren wir aber die Punkte auf der Scheibe als zufällige Größen, so sind die Abstände zwischen dem Mittelpunkt der Scheibe und den einzelnen Treffern keine ganzen Zahlen. Die Treffer können so dicht nebeneinander liegen, dass man sie nicht mehr unterscheiden kann. Ihre Orte lassen sich nicht beliebig genau messen. Nach unserem bisherigen Rezept sind wir nicht in der Lage, die Treffer an jedem Punkt zu zählen und die Trefferwahrscheinlichkeit zu berechnen. Wir können das aber für sich nicht überlappende Bereiche auf der Scheibe tun, indem wir die Scheibe in eine endliche Zahl von Bereichen unterteilen. Dann ist es wieder möglich, die Wahrscheinlichkeit der Treffer in einem Bereich zu definieren. Dieses und ähnliche Probleme führten in der Vergangenheit zu grundsätzlichen Überlegungen über die Definition des Begriffs Wahrscheinlichkeit.

7.4   Die Wurzeln der Wahrscheinlichkeitsrechnung

Wie bei allen Wissenschaften, so liegen auch die Wurzeln der Wahrscheinlichkeitsrechnung weit in der Vergangenheit. Ihren Anfang verdanken wir dem Glücksspiel. Würfelspiele gab es schon sehr früh. Zuerst dachte dabei vermutlich niemand über die „Wahrscheinlichkeiten" der geworfenen Augenzahlen nach. Ausgrabungen in Indien,

Ägypten und Griechenland förderten verschiedenartige Spielwürfel zutage. Nicht nur solche mit 6 Flächen, wie wir sie heute kennen, sondern auch welche mit 12 oder sogar 20 Flächen. Belege dafür, dass man damals quantitativ über die Wahrscheinlichkeit nachdachte, wurden meines Wissens bisher nicht gefunden. Heute datieren wir den Beginn der Wahrscheinlichkeitsrechnung im 17. Jahrhundert. Dabei werden gern zwei Geschichten erzählt. Galileo Galilei (1564–1642) schrieb eine Arbeit mit dem Titel „Über Ergebnisse beim Würfelspiel" [6], die allerdings erst 1718, also nach seinem Tod, erschienen ist. Kitaigorodski [2] beschreibt das folgendermaßen: Bei Galilei wäre ein Bekannter erschienen, der einen seltsamen Widerspruch beobachtet hatte. Beim Würfelspiel mit 3 Würfeln war die Summe der Augen aller drei Würfeln häufiger eine 10 (die relative Häufigkeit war 0,125) als eine 9 (die relative Häufigkeit war 0,1157). Galilei konnte diesen scheinbaren Widerspruch erklären. In der anderen Geschichte wandte sich der Spieler und Lebemann Chevalier de Meré an die Mathematiker Pierre de Fermat (1607–1665) und Blaise Pascal (1623–1662) [2, 4]. De Meré wollte wissen, warum die Wahrscheinlichkeit dafür, in 4 Würfen mit einem Würfel mindestens eine 6 zu würfeln größer ist (0,5177) als die Wahrscheinlichkeit dafür, mit zwei Würfeln in 24 Würfen mindestens eine Doppelsechs zu würfeln (0,4914). Er selbst erwartete Gleichheit, weil er die Spielsituation in beiden Fällen als gleich ansah. Die Antwort der beiden Mathematiker, zwischen ihnen entstand darüber sogar ein Briefwechsel, befriedigte ihn jedoch nicht und das Problem wurde unter dem Namen De-Meré-Paradoxon bekannt. Wir kommen später noch genauer auf die Erklärungen dieser beiden scheinbaren Paradoxa zurück. Jakob (I) Bernoulli (1654–1705) schrieb auch etwa zu dieser Zeit das Buch *Ars conjectandi* (die Kunst des Vermutens). Es befand sich zunächst in seinem Nachlass, wurde aber glücklicherweise 1713 von seinem Neffen Niklaus (I) Bernoulli veröffentlicht. In der Mathematiker-Familie der Bernoullis (es gab deren 10) sind viele Grundlagen der Wahrscheinlichkeitsrechnung entstanden. Auch Pierre Simon Laplace (1749–1827) und Siméon Denis Poisson (1781–1840) befassten sich mit ihr. Ihnen ging es ebenfalls meistens um Fragen des Glücksspiels. Christiaan Huygens (1629–1695) erfuhr vom Briefwechsel zwischen Fermat und Blaise Pascal (1623–1662) und begann sich seinerseits dafür zu interessieren. Er schrieb das Werk *De ratiociniis in ludo aleae* (Über Überlegungen beim Würfelspiel). Bald darauf eröffneten De Witt und Halley zusätzlich ein außerhalb des Glücksspiels liegendes Anwendungsgebiet der Wahrscheinlichkeitsrechnung, indem sie Tabellen für die Rentenzahlungen aufstellten (1671, 1693) [4].

7.5   Der Laplace'sche Wahrscheinlichkeitsbegriff

Diese Zeit war für die Entwicklung des Wahrscheinlichkeitsbegriffs wesentlich. Anfangs, im Zusammenhang mit Glücksspielen, definierte man die *Wahrscheinlichkeit* als das *Verhältnis* der Zahl der „günstigen Fälle" (nach deren Wahrscheinlichkeit gesucht wird, z. B. nach der, eine Sechs zu würfeln) zur Zahl der „möglichen Fälle" (alle 6 Ziffern, von 1 bis 6). Diese Wahrscheinlichkeit ist dann für alle Augenzahlen gleich, nämlich 1/6. Die Wahrscheinlichkeit dafür, dass nach dem Werfen einer Münze die „Zahl" oben liegt, ist ½, denn die Anzahl der günstigen Fälle ist 1 und die Anzahl der möglichen Fälle 2. In beiden Beispielen ist die Wahrscheinlichkeit für alle möglichen Fälle gleich groß (beim Würfeln hat jede Zahl die Wahrscheinlichkeit 1/6 und beim Münzwurf jedes Ergebnis die Wahrscheinlichkeit ½). Die Anzahl der Möglichkeiten ist hierbei immer eine endliche ganze Zahl. Diesen Wahrscheinlichkeitsbegriff nennen wir heute die *klassische* oder *Laplace'sche* Wahrscheinlichkeit.

7.6   Das Urnenmodell mit und ohne Zurücklegen

In anderen Fällen sind die verschiedenen möglichen Ergebnisse des zufälligen Experiments *nicht* alle *gleich wahrscheinlich* und die Wahrscheinlichkeit lässt sich nicht einfach als *„Zahl der günstigen Fälle* durch *Zahl der möglichen Fälle"* bestimmen. Das können wir uns durch ein Gedankenmodell veranschaulichen, das sogenannte Urnenmodell:

1. In einem Behälter befinden sich z. B. 7 weiße und 3 rote Kugeln. Wir durchmischen sie gut und nehmen danach eine beliebige Kugel heraus. Die Wahrscheinlichkeit dafür, dass es eine rote ist, ist gleich 3/10 und die Wahrscheinlichkeit dafür, dass sie weiß ist, gleich 7/10. Hierfür gilt der klassische Wahrscheinlichkeitsbegriff. Die Zahl der möglichen Fälle ist 10. Für das zufällige Ergebnis „rot" ist die Zahl der günstigen Fälle 3 und die Wahrscheinlichkeit dafür 3/10. Entsprechend ist für das zufällige Ergebnis „weiß" die Zahl der günstigen Fälle 7 und die Wahrscheinlichkeit dafür gleich 7/10. Die Summe der Wahrscheinlichkeiten aller Möglichkeiten ist gleich 1, wie verlangt.

2. Wir wiederholen den Versuch einige Male, z. B. 20mal, und *legen* die gezogene Kugel jedes mal wieder in den Behälter *zurück*, um dann erneut zu durchmischen. Nun fragen wir nach der Wahrscheinlichkeit dafür, *wie oft* wir „rot" erhalten. Die Situation ist nun eine ganz andere. Unsere *zufällige Größe* ist nicht mehr nur zweiwertig, also „rot" oder „weiß", sondern es ist die *Anzahl der Fälle*, in denen eine „rote" Kugel gezogen wurde (also eine Zahl zwischen 0 und 20). Nach den Wahrscheinlichkeiten dieser Zahlen wird gesucht.

3. Wenn wir die gezogene Kugel *nicht zurücklegen*, so hängen die Wahrscheinlichkeiten im zweiten Versuch vom Ergebnis des ersten ab, die des dritten vom ersten und zweiten, usw. Denn, hätte ich im ersten Versuch eine rote Kugel gezogen, so wären danach nur noch 2 rote und 7 weiße Kugeln in der Urne und die Wahrscheinlichkeit dafür, im zweiten Versuch eine rote zu ziehen, wäre kleiner geworden, nämlich 2/9 und die, eine weiße zu ziehen, größer, 7/9. Das sind *bedingte Wahrscheinlichkeiten*. Nach einer gewissen Zahl von Versuchen wäre keine rote oder weiße Kugel mehr im Behälter und der Versuch damit praktisch beendet.

Der Fall des Urnenmodells „ohne Zurücklegen" ist komplizierter als der des Urnenmodells „mit zurücklegen". In beiden Fällen sind die Wahrscheinlichkeiten dafür, in 20 unabhängigen Wiederholungen der Ziehung die rote Kugel 0 mal, 1 mal,..., 20 mal zu ziehen, nicht gleich. Sie lassen sich mit Hilfe der Rechenregeln für die Wahrscheinlichkeiten zusammengesetzter Ereignisse berechnen, worauf wir im nächsten Kapitel zu sprechen kommen wollen. Zuvor bleiben wir noch etwas bei der Entwicklung der Definition der Wahrscheinlichkeit.

7.7 Zufällige Größen auf kontinuierlichen Skalen

Der klassische Wahrscheinlichkeitsbegriff bezieht sich nicht nur auf Fälle, in denen die Wahrscheinlichkeit der einzelnen Ereignisse gleich ist, sondern auch darauf, dass die Zahl der möglichen Ergebnisse abzählbar und endlich ist, denn sie steht im Nenner des Quotienten, der die Wahrscheinlichkeit bedeutet. Bereits im 17ten Jahrhundert tauchten neuartige Anwendungen der Wahrscheinlichkeitsrechnung auf, die zu einem erweiterten Wahrscheinlichkeitsbegriff führten. John Graunt (1620–1674) hatte ein Totenregister [6] berechnet, aus welchem er eine „Absterbeordnung" ableitete, die er als Tafel der wahrscheinlichen Lebensdauern verstand. Wie Wußing [6] schreibt, gelangte diese Tafel in die Hände der Brüder Lodewijk (1631–1699) und Christiaan Huygens (1629–1695), die sie „in die Sprache der Wahrscheinlichkeitsrechnung übersetzten". Danach interessierten sich weitere Gelehrte dafür. Es entwickelte sich die Bevölkerungsstatistik. Die Lebensdauer ist eine Zeit und wird auf einer kontinuierlichen Skala gemessen. Sie lässt sich in Zeitintervalle unterteilen und für diese lässt sich die wahrscheinliche Lebensdauer berechnen. So wurde damals in der Bevölkerungsstatistik bereits ein allgemeinerer Wahrscheinlichkeitsbegriff angewendet. Die mögliche Zahl der zufälligen Ereignisse ist unendlich, wie in allen Experimenten, deren Ergebnisse Punkte auf einer kontinuierlichen Skala sind. Das gilt z. B. für Längen, Zeiten u.ä. Wir haben das am Beispiel für das Werfen eines Pfeils auf eine Scheibe beschrieben. Es gab auch Anwendungen in der Astronomie und Geodäsie. Die Fehlerrechnung (Methode der kleinsten Quadrate), die auf C. F. Gauß (1777–1855) und Adrien-Marie Legendre (1752–1833) zurückgeht, bezieht sich auf die zufälligen Abweichungen einer kontinuierlichen Größe von einem exakten Maß. Man unterteilte also die kontinuierliche Zufallsgröße in Klassen und verstand die Wahrscheinlichkeit praktisch als den Grenzwert der relativen Häufigkeit in diesen Klassen, dabei stellte man sich ebenfalls eine sehr große Zahl von gedachten unabhängigen Experimenten vor.

7.8   Die von Mises'sche Definition der Wahrscheinlichkeit

Es war schließlich Richard von Mises (1883–1953) [5], der die Wahrscheinlichkeit als *Grenzwert der relativen Häufigkeit* definierte. Diese Definition schließt sowohl den klassischen Wahrscheinlichkeitsbegriff, als auch den für kontinuierliche zufällige Größen ein. Es ist dieser Wahrscheinlichkeitsbegriff, der bis heute in den Anwendungen bevorzugt wird. Ist die Klassenbreite sehr klein, d. h. geht sie gegen Null, so ist die Wahrscheinlichkeit dafür, dass das zufällige Ereignis in eine dieser Klassen fällt, auch fast Null. Für diskrete zufällige Größen lassen sich die einzelnen Wahrscheinlichkeiten direkt den einzelnen Werten der zufälligen Größe zuordnen, das nennt man landläufig eine Wahrscheinlichkeitsverteilung. Für eine kontinuierliche Zufallsgröße ist das so nicht mehr möglich. Dann nennt man die entsprechende Funktion über der Menge der kontinuierlichen zufälligen Veränderlichen eine *Wahrscheinlichkeitsdichte* (das Integral über die Dichte im Bereich aller möglichen Werte ist 1). Erst die Integration (von links) über die Wahrscheinlichkeitsdichte bis zum interessierenden Wert ergibt dessen Wahrscheinlichkeit. Heute nennt man diese integrierte Form der Wahrscheinlichkeitsdichte eine Wahrscheinlichkeitsverteilung. Für jeden möglichen Wert der zufälligen Veränderlichen gibt sie die Wahrscheinlichkeit dafür an, dass die zufällige Größe *kleiner* ist als dieser Wert. Diese Definition der *Wahrscheinlichkeitsverteilung* entspricht der einer Summenhäufigkeitsverteilung, wie sie z. B. im Kap. 2 als Abb. 3.4 und 3.5 gezeigt wurden. Diese Wahrscheinlichkeitsverteilung ist eine stetige Funktion und lässt sich differenzieren, deshalb wird der Begriff Wahrscheinlichkeitsdichte verwendet. Das Integral über sie in einem festen Bereich ergibt die Wahrscheinlichkeit dafür, dass das zufällige Resultat in diesen Bereich fällt.

7.9   Die Axiomatische Definition der Wahrscheinlichkeit und die subjektive Wahrscheinlichkeit

Die von Mises'sche Definition der Wahrscheinlichkeit jedoch ist für die mathematische Wahrscheinlichkeitstheorie nicht streng genug. Im Jahre 1933 veröffentlichte dann A. N. Kolmogorow [3] eine abstrakte Definition, die sich auf Mengenalgebren und 3 Axiome stützt. Sie genügt den formalen Ansprüchen der Mathematik und ist heute die Grundlage der Wahrscheinlichkeitstheorie. Man findet diese Definition in jedem einschlägigen Buch über Wahrscheinlichkeitstheorie. Einige Anwendungen in der Gegenwart verwenden sogar eine „subjektive" Wahrscheinlichkeit. Dazu schätzen mehrere „informierte Experten" eine Situation ein und ordnen den möglichen Ergebnissen „Gewichte" zu; es sind Zahlen zwischen Null und Eins. Diese Schätzwerte werden gemittelt und der Mittelwert als „subjektive Wahrscheinlichkeit" verstanden.

7.10   Die Wahrscheinlichkeit im Alltag

Im Alltag begegnet jeder von uns dem Zufall und der Wahrscheinlichkeit, und das viel häufiger als ihm bewusst sein mag. So sagt der tägliche Wetterbericht z. B., dass es morgen mit einer Wahrscheinlichkeit von 50 % regnen wird. Hier ist die Wahrscheinlichkeit in Prozenten ausgedrückt. In diesem Beispiel entspricht sie der des Münzwurfs. Das bedeutet, dass es morgen mit gleicher Wahrscheinlichkeit regnen oder nicht regnen wird. Allerdings ist das, was der Wetterbericht angibt, nur eine *Schätzung* der Regenwahrscheinlichkeit, also eine Anwendung der Stochastik. Darauf werden wir später zu sprechen kommen. Wenn jemand das Spiel 6 aus 49 spielt, so ist die Wahrscheinlichkeit dafür, dass er die 6 Richtigen angekreuzt hat, etwa 1 zu 14 Mio. Seine Chancen auf 6 Richtige sind sehr klein. Es ist sehr unwahrscheinlich, dass er gewinnt, aber es ist nicht unmöglich. Und die Chancen verändern sich auch nicht, wenn er schon gespielt und nicht gewonnen hat. Auch wenn er im letzten Spiel 6 Richtige hatte und weiter spielt, sind seine Chancen für einen erneuten Hauptgewinn unverändert 1 zu 14 Mio..

Wichtige Begriffe	
Wahrscheinlichkeit	Grenzwert der relativen Häufigkeit für (gedacht) unendlich viele Versucheunter gleichen Bedingungen.
Laplace'sche Wahrscheinlichkeit	Zahl der günstigen Fälled urch die Zahl der möglichen Fälle.
Wahrscheinlichkeitsdichte	Ableitung der Wahrscheinlichkeitsverteilung nach der kontinuierlichen Zufallsgröße.

Literatur

1. Gumbel, E. J.: Statistics of extremes. Columbia University Press, New York (1958)
2. Kitaigorodski, A.: Unwahrscheinliches – möglich oder unmöglich? Verlag MIR Moskau und Fachbuchverlag Leipzig, Leipzig (1977)
3. Kolmogorov, A.: Grundbegriffe der Wahrscheinlichkeitsrechnung. Springer, Berlin (1933)
4. Struik, D. J.: Abriss der Geschichte der Mathematik. Deutscher Verlag d. Wiss., Berlin (1961)
5. von Mises, R.: Wahrscheinlichkeit, Statistik und Wahrheit. Springer, Berlin (1952)
6. Wußing, H.: 6000 Jahre Mathematik, Bd. 2. Springer, Berlin (2008)

Die Wahrscheinlichkeiten von zusammengesetzten zufälligen Ereignissen

8

Die wichtigsten Regeln zur Berechnung der Wahrscheinlichkeiten zusammengesetzter zufälliger Ereignisse sind die „und" und die „oder" Regel. Allein mit ihnen lassen sich die Wahrscheinlichkeiten vieler zusammengesetzter zufälliger Ereignisse berechnen. Die Paradoxa des Chevalier de Meré und eines Besuchers von Galileo Galilei werden erklärt und die Entstehung der Binomialverteilung gezeigt.

8.1 Verknüpfungen von zufälligen Ereignissen, die einander ausschließen

Um die Wahrscheinlichkeit für verknüpfte zufällige Ereignisse zu berechnen, braucht man meistens nur wenige Grundregeln. Diese allein genügen, um eine schier unerschöpfliche Vielfalt von Wahrscheinlichkeitsmodellen zu erzeugen. Die einfachsten Regeln wollen wir uns nun anschauen.

Schließen zwei zufällige Ereignisse A und B *einander aus,* gelten folgende Regeln:

1. Ist die Wahrscheinlichkeit für das Eintreffen des einen zufälligen Ereignisses gleich p, so ist die Wahrscheinlichkeit dafür, dass es nicht eintrifft, gleich 1-p. Das leuchtet sofort ein, denn mit Sicherheit trifft das Ereignis ein oder es trifft nicht ein. Die Wahrscheinlichkeit dafür, sechs Richtige im Lotto zu tippen, ist $\frac{1}{13983816}$. Dann ist die Wahrscheinlichkeit dafür, keine sechs Richtigen zu tippen, gleich $\frac{13983815}{13983816}$ und die Summe der beiden Wahrscheinlichkeiten ist gleich Eins.

2. In einem Experiment können die beiden sich ausschließenden zufälligen Ereignisse A und B eintreffen. Die Wahrscheinlichkeit dafür, dass A **oder** B eintrifft, ist die Summe der beiden Wahrscheinlichkeiten. So ist beim einmaligen Würfeln die Wahrscheinlichkeit dafür, eine 1 **oder** eine 5 zu würfeln, $\frac{1}{6} + \frac{1}{6} = \frac{2}{6}$.

G. Härtler, *Statistisch gesichert und trotzdem falsch?*, Springer-Lehrbuch, DOI 10.1007/978-3-662-43357-7_8, © Springer-Verlag Berlin Heidelberg 2014

Tab. 8.1 Mögliche Resultate im Urnenmodell ohne Zurücklegen

1. Versuch „rot" **und** 2. Versuch „rot"	1. Versuch „weiß" **und** 2. Versuch „rot"
1. Versuch „rot" **und** 2. Versuch „weiß"	1. Versuch „weiß" **und** 2. Versuch „weiß"

Tab. 8.2 Die Wahrscheinlichkeiten für die Resultate in Tab. 8.1

$\frac{3}{10} \cdot \frac{2}{9} = \frac{6}{90}$	$\frac{7}{10} \cdot \frac{3}{9} = \frac{21}{90}$
$\frac{3}{10} \cdot \frac{7}{9} = \frac{21}{90}$	$\frac{7}{10} \cdot \frac{6}{9} = \frac{42}{90}$

3. Weil sich die beiden zufälligen Ereignisse ausschließen, ist die Wahrscheinlichkeit dafür, dass beide eintreffen, logischerweise gleich Null, also unmöglich.

Sind zwei zufällige Ereignisse A und B voneinander *unabhängig*, so gilt die Regel:

4. Die Wahrscheinlichkeit dafür, dass in einem Experiment die Ereignisse A **und** B eintreffen, ist das Produkt der beiden Wahrscheinlichkeiten. Beim Würfeln ist folglich die Wahrscheinlichkeit dafür, im ersten Wurf eine 1 **und** im zweiten Wurf eine 5 zu würfeln, $\frac{1}{6} \times \frac{1}{6} = \frac{1}{36}$.

8.2 Verknüpfungen von zufälligen Ereignissen, die voneinander abhängig sind

Falls die zufälligen Ereignisse voneinander *abhängig* sind, wird die Sache etwas schwieriger. Stellen wir uns wieder das Urnenmodell *ohne Zurücklegen* vor. Unsere Urne enthielt anfangs 3 rote und 7 weiße Kugeln. Nach dem ersten Versuch ist die gezogene Kugel nicht mehr in der Urne und die Gesamtzahl der Kugeln hat sich verändert. Für jedes Resultat, das sich in zwei aufeinanderfolgenden Ziehungen ergeben kann, entstehen dadurch die folgenden 4 Möglichkeiten und entsprechenden Wahrschein-lichkeiten in der 2. Ziehung. Die vier Möglichkeiten zeigt Tab. 8.1 und die Wahrscheinlichkeiten (Tab. 8.2):

Die Summe der Wahrscheinlichkeiten für alle möglichen Fälle ist wieder gleich 1. Die zweiten Faktoren in diesen Produkten sind *bedingte Wahrscheinlichkeiten*. Die **und**–Regel für bedingte Wahrscheinlichkeiten lautet folgendermaßen:

5. Die Wahrscheinlichkeit dafür, dass in einem Experiment die beiden Ereignisse A **und** B eintreffen, ist das Produkt der Wahrscheinlichkeit des Ereignisses A und der *bedingten Wahrscheinlichkeit* des Ereignisses B. Beim Ziehen einer Kugel aus unserer Urne ohne Zurücklegen ist folglich die Wahrscheinlichkeit dafür, in der ersten Ziehung eine rote Kugel **und** in der zweiten Ziehung eine weiße zu ziehen, $\frac{3}{10} \times \frac{7}{9} = \frac{21}{90}$.

Tab. 8.3 Verknüpfung
bedingter
Wahrscheinlichkeiten

Situation	Diagnose ist positiv	Diagnose ist negativ
Der Patient ist krank	$0{,}1 \cdot 0{,}9 = 0{,}09$	$0{,}1 \cdot 0{,}1 = 0{,}01$
Der Patient ist nicht krank	$0{,}9 \cdot 0{,}3 = 0{,}27$	$0{,}9 \cdot 0{,}7 = 0{,}63$

8.3 Beispiel für bedingten Wahrscheinlichkeiten

Die Aufgaben, denen man in der Anwendung begegnet, enthalten oft *bedingte Wahrscheinlichkeiten*. Beispielsweise könnte ein Verfahren existieren, um die Krankheit K zu diagnostizieren. Es funktioniert aber nicht zuverlässig, denn es führt mit einer bestimmten Wahrscheinlichkeit zu Fehldiagnosen. Angenommen, die Krankheit K wird mit der Wahrscheinlichkeit 0,9 angezeigt, falls sie vorhanden ist. Falls sie nicht vorhanden ist, zeigt dieses Verfahren sie manchmal trotzdem an, und zwar mit der Wahrscheinlichkeit 0,3. Die Wahrscheinlichkeiten 0,9 und 0,3 für eine positive Diagnose sind *bedingte Wahrscheinlichkeiten,* denn sie hängen davon ab, ob der Patient die Krankheit K tatsächlich hat oder nicht. Lässt sich nun ein Herr X, der nicht weiß, ob er krank ist, mit dieser Methode untersuchen, so kann er nicht sicher sein, dass die Diagnose stimmt. Nehmen wir weiter an, die Krankheit K käme in der Bevölkerung mit der Wahrscheinlichkeit 0,1 vor, d.h. jeder 10. würde an ihr leiden. Welche Fälle sind mit welchen Wahrscheinlichkeiten möglich? Das zeigt die Tab. 8.3.

Die Summe der Wahrscheinlichkeiten aller Möglichkeiten ist gleich 1, wie gefordert. In den Zellen der Tabelle werden die Wahrscheinlichkeiten mit der **und** -Regel verbunden. Die Wahrscheinlichkeit dafür, krank zu sein **und** als krank diagnostiziert zu werden, ist das Produkt $0{,}1 \cdot 0{,}9 = 0{,}09$. Die 0,9 in diesem Produkt ist wieder eine *bedingte Wahrscheinlichkeit.* Die Wahrscheinlichkeiten aller vier Möglichkeiten [(„krank **und** positive Diagnose") **oder** („krank **und** negative Diagnose") **oder** („nicht krank **und** positive Diagnose") **oder** („nicht krank **und** negative Diagnose")] addieren sich zu 1. Denn das sichere Ereignis besteht darin, dass eine der vier Möglichkeiten zutrifft.

8.4 Die Paradoxa des Chevalier de Meré und des Besuchers von Galileo Galilei

Kommen wir auf das Paradoxon des Chevalier de Meré zurück, das im vorangegangenen Kapitel erwähnt wurde. Beim Würfeln sind die Wahrscheinlichkeiten der verschiedenen Augenzahlen gleich und in aufeinanderfolgenden Würfen sind sie voneinander unabhängig. Wird zweimal gewürfelt, so entstehen die in der Tab. 8.4 eingetragenen

Tab. 8.4 Zweimal würfeln

2. Wurf	1	2	3	4	5	6
1. Wurf Wahrscheinlichkeit	1/6	1/6	1/6	1/6	1/6	1/6
1	1/6	1/36	1/36	1/36	1/36	1/36	1/36
2	1/6	1/36	1/36	1/36	1/36	1/36	1/36
3	1/6	1/36	1/36	1/36	1/36	1/36	1/36
4	1/6	1/36	1/36	1/36	1/36	1/36	1/36
5	1/6	1/36	1/36	1/36	1/36	1/36	1/36
6	1/6	1/36	1/36	1/36	1/36	1/36	1/36

Wahrscheinlichkeiten. Die Wahrscheinlichkeit, mit dem ersten Würfel eine 3 **und** mit dem zweiten eine 2 zu würfeln, ist nach der **und** – Regel für unabhängige Ereignisse das Produkt: $\frac{1}{6} \times \frac{1}{6} = \frac{1}{36}$.

Jedes Zahlenpaar hat die Wahrscheinlichkeit $\frac{1}{6} \times \frac{1}{6} = \frac{1}{36}$. Es gibt 6 Fälle, in denen in beiden Würfen die gleiche Augenzahl zustande kommt (zweimal die 1, zweimal die 2, ..., zweimal die 6). Ungleiche Paare können dagegen auf jeweils zwei Arten entstehen: Beispielsweise kann der erste Wurf eine 3 und der zweite eine 2 ergeben oder umgekehrt, der erste eine 2 und der zweite eine 3. Die Wahrscheinlichkeit für alle ungleichen Paare addiert sich jeweils nach der **oder** – Regel zu $\frac{2}{36}$. Es kommt dabei auch die Anzahl der möglichen *Kombinationen* ins Spiel. Das war es, was sowohl den Besucher von Galileo Galilei als auch den Chevalier de Meré irritierte.

Der im vorigen Kapitel genannte Besucher Galileo Galileis wunderte sich über die unterschiedlichen Wahrscheinlichkeiten der verschiedenen Summen der Augenzahlen von Würfen mit 3 Würfeln. Verdeutlichen wir uns die dabei entstehenden Möglichkeiten:

Die Summe der Augenzahl 9 lässt sich durch 25 verschiedene Kombinationen herstellen:

6 *Permutation en* der Ziffern 1,2,6 (also 1,2,6; 1,6,2; 2,1,6; 2,6,1; 6,1,2; 6,2,1),
6 Permutationen von 1,3,5,
6 Permutationen von 2,3,4,
3 Permutationen der Ziffern 2,2,5,
3 Permutationen der Ziffern 1,4,4,
und schließlich die eine Kombination 3,3,3.

Die einzelnen Wahrscheinlichkeiten sind alle gleich, nämlich $(1/6)^3 = 0,0046\ldots$. Die Wahrscheinlichkeit dafür, dass die Augensumme gleich 9 ist, ergibt das Produkt $25 \cdot 0,0046 = 0,1157$.

Zur Summe 10 führen dem entgegen 27 Kombinationen:

6 Permutationen der Ziffern 1,3,6,
6 Permutationen der Ziffern 1,4,5,

Tab. 8.5 Pascalsches Dreieck

$$
\begin{array}{ccccccccccc}
 & & & & & 1 & & & & & \\
 & & & & 1 & & 1 & & & & \\
 & & & 1 & & 2 & & 1 & & & \\
 & & 1 & & 3 & & 3 & & 1 & & \\
 & 1 & & 4 & & 6 & & 4 & & 1 & \\
1 & & 5 & & 10 & & 10 & & 6 & & 1 \\
\cdot & \cdot & \cdot & \cdot & \cdot & \cdot & \cdot & \cdot & \cdot & \cdot & \cdot
\end{array}
$$

6 Permutationen der Ziffern 2,3,5,

3 Permutationen der Ziffern 2,4,4,

3 Permutationen der Ziffern 2,2,6,

3 Permutationen der Ziffern 3,3,4.

Die einzelnen Wahrscheinlichkeiten sind ebenfalls $(1/6)^3 = 0,0046$.... Die Wahrscheinlichkeit dafür, dass die Augensumme gleich 10 ist, ergibt das Produkt $27 \cdot 0,0046 = 0,125$ (weil es 27 Kombinationen gibt). Galileo Galilei löste das Problem mit Hilfe der Kombinatorik, die in der Wahrscheinlichkeitsrechnung eine sehr große Rolle spielt.

Das Paradoxon des Chevalier De Meré lässt sich ähnlich erklären: Die Wahrscheinlichkeit dafür, in einem Wurf *keine* 6 zu würfeln ist 5/6. Es gibt 4 unabhängige Würfe. Wir suchen nach der Wahrscheinlichkeit dafür, weder im 1., noch im 2., noch im 3., noch im 4. Wurf eine 6 zu erhalten. Wegen der **und** – Regel ist diese Wahrscheinlichkeit das Produkt der Einzelwahrscheinlichkeiten, also gleich $(5/6)^4$. Dann ist die Wahrscheinlichkeit dafür, *mindestens eine* 6 zu würfeln, gleich $1 - (5/6)^4 = 0,5177$. Wenn wir hingegen 24mal mit 2 Würfeln würfeln, so hat die Doppelsechs in jedem Wurf die Wahrscheinlichkeit 1/36 und die Wahrscheinlichkeit dafür, keine Doppelsechs zu würfeln, ist gleich $1 - 1/36 = 35/36$. Die Wahrscheinlichkeit dafür, in 24 Würfen *mindestens* eine Doppelsechs zu würfeln, gleich $1 - (35/36)^{24} = 0,4914$.... Sie ist etwas kleiner als die, in 4 Würfen keine 6 zu würfeln. Zu Zeiten de Merés hatte man den Einfluss der Kombinationen auf verbundene Wahrscheinlichkeiten noch nicht erkannt und so entstand das scheinbare Paradoxon.

8.5 Das Pascal'sche Dreieck

Die Berechnung der Anzahl von Kombinationen für Folgen von mehreren unabhängigen Versuchen, die im „Urnenmodell mit Zurücklegen" entstehen, wird sehr schnell ziemlich unübersichtlich, obwohl es nur die beiden möglichen Resultate „rot" oder „weiß" gibt. Denn Anzahl der möglichen Kombinationen wächst mit der Anzahl der Versuche enorm. Das *Pascalsche Dreieck*, siehe Tab. 8.5, erlaubt eine einfache Berechnung der Anzahl der verschiedenen Kombinationen. Es wird Blaise Pascal (1623–1662) zugeschrieben, taucht aber bereits in einer chinesischen Schrift aus dem Jahre 1303 auf [1]. Es ist ein Zahlendreieck, in dem die Zeilennummer die Anzahl der Versuche + 1 bedeutet und in dessen Zeilen die sich jeweils ergebende Anzahl der möglichen Kombinationen steht.

Abb. 8.1 10 Ziehungen aus einer Urne mit 1/3 roter Kugeln

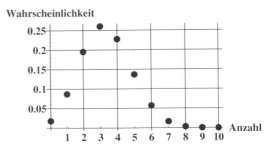

Die Anzahl der Kombinationen für den ersten Versuch steht in der Zeile Nummer 2. Sie enthält nur die Zahlen 1 und 1, denn im ersten Versuch gibt es nur das Ergebnis „weiß" oder „rot". Eine Kombination von roten und weißen Kugeln gibt es dabei noch nicht. In der dritten Zeile steht die Anzahl der Kombinationen für zwei Versuche, es sind die Zahlen: 1, 2, 1. Denn es gibt *eine* Möglichkeit für zweimal „weiß", *zwei* für die Permutationen „weiß und rot" und „rot und weiß" und *eine* für zweimal „rot" In der dritten Zeile stehen die Zahlen für 3 Versuche: 1, 3, 3, 1. Es gibt *eine* Möglichkeit für dreimal „weiß", *drei* Permutationen für „weiß, weiß, rot", *drei* für „weiß, rot, rot" und *eine* für dreimal „rot". Das *Pascalsche Dreieck* zeigt in jeder Zeile die Anzahl der Kombinationen für die jeweils nächste an, wenn in der aktuellen Zeile die beiden Zahlen addiert werden, die links und rechts über der gesuchten Anzahl von Kombinationen stehen. Diese Zahlen heißen Binomialkoeffizienten. Heute rechnet man sie mit entsprechenden Formeln bzw. Computerprogrammen leicht aus. Das *Pascalsche Dreieck* machte es aber schon vor sehr langer Zeit möglich, die Anzahl der Kombinationen für eine größere Zahl von Versuchen, also für größere Stichproben, zu berechnen.

8.6 Die Entstehung einer Binomialverteilung

Ist die Grundwahrscheinlichkeit bekannt und gilt das Urnenmodell mit Zurücklegen, so können wir berechnen, wie oft ein zufälliges Ereignis (z. B. die Anzahl der roten Kugeln) in einer Folge von Beobachtungen (z. B. in 10 Versuchen) zu erwarten ist. Ein Beispiel zeigt Abb. 8.1. Aus einer Urne mit gedachten unendlich vielen Kugeln, von denen 1/3 rot ist, ziehen wir 10mal je eine Kugel. Wegen der potentiell unendlich großen Urne spielt es keine Rolle, ob wir zurücklegen oder nicht. In 10 Ziehungen sind folgende Ergebnisse möglich: Null mal „rot", einmal „rot", zweimal „rot", usw., bis 10mal „rot".

Diese Darstellung der Wahrscheinlichkeiten für alle möglichen Resultate ist das Diagramm einer Wahrscheinlichkeitsverteilung, obwohl man mit diesem Begriff heute meistens die aufsummierte Form meint. Das Bild zeigt: Am häufigsten werden wir 3mal eine rote Kugel finden, sehr selten 8, 9 oder gar 10mal. Wir können Bereiche der verschiedenen Anzahlen der roten Kugeln bilden und mit Hilfe der Wahrscheinlichkeits-

Abb. 8.2 100 Ziehungen aus
einer Urne mit 1/3 roter
Kugeln

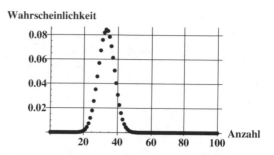

verteilung ausrechnen, wie groß die Wahrscheinlichkeit dafür ist, dass wir ein Ergebnis aus diesem Bereich erhalten. Dazu brauchen wir nur die Wahrscheinlichkeiten für die Ergebnisse in diesem Bereich zu addieren. So findet man beispielsweise den Bereich, in dem mehr als 90 % der Versuchsergebnisse „rot" liegen. Dieser Bereich hängt von der *Grundwahrscheinlichkeit* (hier 1/3) und der *Anzahl der Ziehungen* (hier 10) ab.

In Abb. 8.2 ist die Wahrscheinlichkeitsverteilung für 100 Ziehungen aus der gleichen Urne dargestellt. Die Wahrscheinlichkeitsverteilung konzentriert sich nun viel stärker um den mittleren Wert (33 mal „rot").

Die Regeln, die es ermöglichen, bei *bekannter* Grundwahrscheinlichkeit, auszurechnen, mit welcher Wahrscheinlichkeit das zufällige Ereignis „rot" in einer Beobachtungsreihe bestimmten Umfangs vorkommen wird, sind die Perspektive der Wahrscheinlichkeitsrechnung. Die Stochastik stellt die Frage umgekehrt: In einer Beobachtungsreihe bestimmten Umfangs wurde das zufällige Ereignis „rot" *x*-mal *beobachtet*, wie groß könnte die Grundwahrscheinlichkeit sein? Oder: In 10 Würfen wurde nur einmal eine Sechs gewürfelt, kann der Würfel in Ordnung sein? Oder: Ein Medikament hat in 1000 Anwendungen 2mal eine unerwünschte Reaktion ausgelöst, wie groß kann die Wahrscheinlichkeit dieser Nebenwirkung sein?

Die Stochastik als Wissenschaftszweig enthält das Werkzeug zum empirischen Aufspüren solcher quantitativer Gesetzmäßigkeiten, sie ist also tatsächlich die „Kunst des Ratens". Ihr Anwendungsgebiet ist riesig und unübersehbar. Denn die Wahrscheinlichkeitsmodelle, die aus den Grundannahmen für die jeweilige Aufgabe folgen, sind sehr verschieden und können sehr kompliziert sein. Bevor wir zur Funktionsweise der Stochastik kommen, unserem eigentlichen Anliegen, sollten wir zunächst noch etwas ausführlicher auf einige typische Wahrscheinlichkeitsverteilungen schauen.

Wichtige Begriffe

Bedingte Wahrscheinlichkeit	A und B sind zufällige Ereignisse. Ändert sich beim Eintreffen von A die Wahrscheinlichkeit von B, dann ist die Wahrscheinlichkeit von B eine bedingte Wahrscheinlichkeit.
Kombination	Variation von n Elementen zu m (m < n), dabei kommt es nicht auf die Reihenfolge an.
Permutation	Variation von n Elementen zu m (m < n), dabei kommt es auf die Reihenfolge an.
Binomialkoeffezient	$\binom{n}{m}$, gibt die Anzahl der Kombinationen an, wird nach der Formel $\frac{n!}{m!(n-m)!}$ berechnet.

Literatur

1. Naas, J., Schmid, H.L.: Mathematisches Wörterbuch, Bd. II. Akademie, Berlin (1961)

Wahrscheinlichkeitsmodelle

9

Wahrscheinlichkeitsmodelle sind formale mathematische Beziehungen, die den möglichen Resultaten eines zufälligen Experiments ihre jeweiligen Wahrscheinlichkeiten zuordnen. Sie beziehen sich auf die zufälligen Größen. Meist sind es Wahrscheinlichkeitsverteilungen ein- oder mehrdimensionaler zufälliger Größen, die noch unbekannte Parameter enthalten. Je nach dem Ziel der Untersuchung geht es um eine Schätzung der Parameter, die Prüfung von Hypothesen über sie oder die Eignung des Verteilungstyps selbst. In vielen Wissenschaftsgebieten besteht die empirische Forschung hauptsächlich in der Suche nach formalen Modellen, die auch die zufälligen Einflüsse berücksichtigen.

9.1 Wahrscheinlichkeitsverteilung und Verteilungstyp

Im vorangegangenen Kapitel haben wir gesehen, wie das mehrfache Wiederholen eines sehr einfachen zufälligen Experiments, nämlich das Ziehen einer Kugel aus einer Urne, in der sich nur rote und weiße Kugeln befinden, zu einer sehr großen Zahl möglicher Kombinationen der Anzahl „roter" und „weißer" Kugeln führt. So entsteht die Wahrscheinlichkeitsverteilung für die Anzahl roter Kugeln in diesem Experiment, sie heißt Binomialverteilung. Abbildungen 8.1 und 8.2 zeigen die Beispiele für 10 und 100 unabhängige Wiederholungen, indem die Wahrscheinlichkeit jeder möglichen Anzahl *roter Kugeln* aufgetragen ist. Diese Wahrscheinlichkeitsverteilungen beruhen auf nur wenigen wesentlichen Annahmen: Die Urne enthält nur zwei Sorten von Kugeln, sie ist ideal durchmischt und sie enthält (gedacht) unendlich viele Kugeln. Das allein legt den Typ der speziellen Wahrscheinlichkeitsverteilung fest. In diesem Falle ist es die Binomialverteilung. Die gezeigten Beispiele sind vom gleichen *Verteilungstyp* und unterscheiden sich nur durch

G. Härtler, *Statistisch gesichert und trotzdem falsch?*, Springer-Lehrbuch, DOI 10.1007/978-3-662-43357-7_9, © Springer-Verlag Berlin Heidelberg 2014

die Anzahl der Ziehungen, d. h. durch den Stichprobenumfang. Eine andere Grundwahrscheinlichkeit für „rot" würde unter sonst gleichen Annahmen ebenfalls zum Verteilungstyp „Binomialverteilung" führen, die Wahrscheinlichkeitsverteilung hätte jedoch eine andere Form. Für die Grundwahrscheinlichkeit ½ wäre sie z. B. symmetrisch, weil die Hälfte
der Kugeln „rot" ist. Die Formel der Binomialverteilung mit unbekanntem Stichprobenumfang und unbekannter Grundwahrscheinlichkeit ist dabei der Verteilungstyp. Der Wiener
Student braucht einen komplizierteren Verteilungstyp, denn er sucht nach mehr als zwei
Wahrscheinlichkeiten, nämlich nach denen der Marken A, B, C, D, E, und „kein Sonnenöl",
also nach einer Verteilung mit 6 Grundwahrscheinlichkeiten. Es gibt diesen Verteilungstyp, der natürlich eine viel größere Anzahl möglicher Kombinationen enthält. Es ist die
Polynomialverteilung. Es gibt eine unüberschaubare Vielzahl von Verteilungstypen, zu denen sich ständig neue hinzugesellen. Alle Schlussfolgerungen der Stochastik beruhen auf
der Wahrscheinlichkeitsverteilung einer betrachteten zufälligen Größe und dieser liegt immer eine gewisse Modellvorstellung zu Grunde, die der jeweiligen Aufgabe und Situation
entspricht. In unseren Beispielen war das: Die Zufallsgröße ist diskret (Anzahl), sie kann
nur zwei Werte annehmen (rot oder weiß), es gibt eine (unbekannte) Grundwahrscheinlichkeit und die Verteilung hängt von der Anzahl der Wiederholungen ab. Die Ansätze
der Stochastik sind sehr vielgestaltig und damit auch die daraus hergeleiteten Methoden.
Betrachten wir also zunächst die Begründung von einigen typischen Modellvorstellungen.

9.2 Black-Box-Modelle

Fast alle Wissensgebiete benutzen mathematische Modelle zur Beschreibung, Erklärung
und Untersuchung quantitativer Effekte. Sie sind sowohl Bestandteile der Theorie als
auch der Anwendung. Sind die Gesetzmäßigkeiten, die das Modell ausdrücken soll, *völlig unbekannt, sehr komplex* oder *nicht erfassbar*, werden sogenannte *Black-Box-Modelle*
angewendet. Durch sie bleiben die Details des Kausalgeschehens, das die zufälligen Resultate teilweise erklären könnte, unberücksichtigt. Der Astronom und Mathematiker F. W.
Bessel (1784–1846) [1] sagte in der Einleitung zu einem Vortrag vor der Physikalischen
Gesellschaft in Berlin: „*Unser Wissen zerfällt in zwei Theile, es beruht auf Gewissheit oder
auf Wahrscheinlichkeit*" und er betrachtete das Ergebnis eines Münzwurfs als etwas, hinter
dem zwar ein Kausalgeschehen steckt, das aber viel zu schwierig ist, um im Einzelnen
berücksichtigt werden zu können. Zitat: „*Ob eine Münze, welche ich aufwerfe, auf den
Kopf oder das Wappen niederfallen wird, das nehmen wir für eine Wirkung des Zufalls; bei
einigem Nachdenken aber bemerkt man leicht, daß die Art des Niederfallens die Wirkung
einer Ursache seyn muß, daß die Münze sich eben so wenig willkürlich bewegen kann als
der Jupiter, daß in dem Aufwerfen selbst schon das Niederfallen bestimmt ist; – allein man
bemerkt auch, daß die geringste Aenderung im Aufwerfen hinreicht, eine andere Seite nach
oben zu bringen, daß eine erneute geringen Aenderung wieder die erste nach oben nach oben
bringt, u.s.w. – Diese Aenderungen sind so gering, daß unsere Sinne nicht hinreichen, sie*

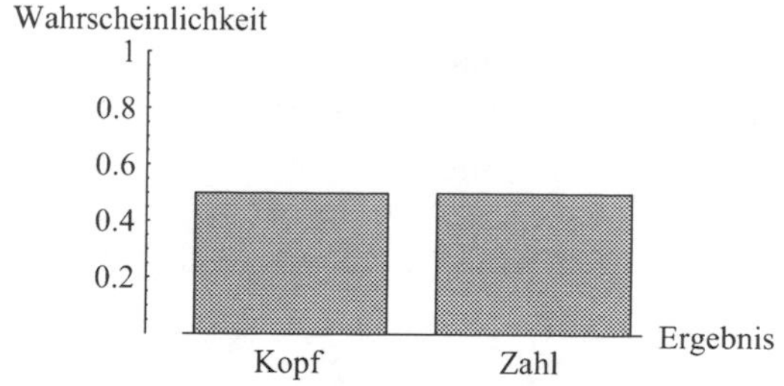

Abb. 9.1 Grundwahrscheinlichkeiten bei nur einem
Münzwurf

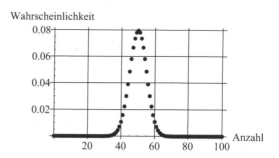

Abb. 9.2 Binomialverteilung
mit der Grundwahrscheinlichkeit
½ für 100 Würfe

einzeln, und selbst nicht einmal in sehr zahlreichen Anhäufungen wahrzunehmen, so daß wir daher auch nicht im Stande sind, den einen, oder den anderen Effekt willkürlich hervorzubringen oder vorauszubestimmen. Für uns ist das Niederfallen der Münze dem Zufalle unterworfen und durch diese Beispiele ist der Sinn gegeben, welchen man mit dem Worte verbindet." Ein solch komplexes Geschehen kann sehr einfach durch ein Wahrscheinlichkeitsmodell beschrieben werden: Im einzelnen Münzwurf ist die Wahrscheinlichkeit für „Kopf" oder „Zahl" jeweils gleich ½, siehe Abb. 9.1. Sie ist in einer Folge von Versuchen die Grundwahrscheinlichkeit. Durch die möglichen Kombinationen entsteht wieder der Verteilungstyp einer Binomialverteilung, siehe Abb. 9.2, die im Gegensatz zu denen in den Abb. 8.1 und 8.2 symmetrisch ist.

9.3 Zweidimensionale Black-Box-Modelle

Stochastische Methoden werden auch häufig verwendet, um den quantitativen Einfluss von mehreren einstellbaren Faktoren auf eine oder mehrere Zielgrößen zu bestimmen, z. B. den Einfluss von Wasser und Düngung auf den mittleren Ertrag einer Gemüsesorte. Das einfachste Modell dafür ist rein deskriptiver Natur, also ein Black-Box-Modell, das man auch Wirkungsfläche nennt. Man kennt den ursächlichen Zusammenhang nicht, braucht ihn nicht und will ihn auch nicht kennen lernen, denn man möchte nur die Zufuhr von Wasser und Düngung optimieren. Es spielen dabei zu viele Einflussfaktoren eine Rolle, die teils unbekannt sind und teils nicht erfassbar. Durch die Anpassung eines geeigneten

Abb. 9.3 Lineare
Abhängigkeit des mittleren
Ertrages von Bewässerung und
Düngung

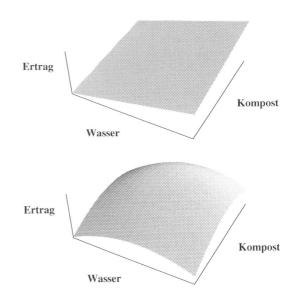

Abb. 9.4 Nichtlineare (Siehe
Fußnote 1) Abhängigkeit des
mittleren Ertrages von
Bewässerung und Düngung

Modells an die Beobachtungswerte erhält man auch so die gewünschte Information. Vor der Beobachtung muss man einen geeigneten Modelltyp wählen. Das einfachste Black-Box-Modell für den Einfluss zweier Faktoren in einem beschränkten Bereich, hier ist es die Stärke der Bewässerung und die Menge von Kompost, ist ein lineares Modell, das z. B. die in Abb. 9.3 gezeigte Form hat. Eine zu hohe Gabe von Wasser und Kompost könnte aber die Pflanzen auch schädigen. Ist der Bereich der Einflussgrößen sehr ausgedehnt, so eignet sich in der Regel ein nichtlinearer Zusammenhang besser, der ebenfalls durch ein entsprechendes Modell ausgedrückt werden muss[1]. Ein solches Modell zeigt Abb. 9.4. Das lineare Modell nach Abb. 9.3 kann z. B. nur die linke vordere Ecke im Modell nach Abb. 9.4 sein.

Black-Box-Modelle müssen hinreichend flexibel sein und eine ausreichende Anzahl freier Parameter enthalten. Diese Parameter gilt es mit Hilfe der Beobachtungswerte zu schätzen. Solche Modelle sind natürlich immer nur Näherungen an die wahre Gesetzmäßigkeit. Wenn sie den Vorgang aber genau genug wiedergeben, sind sie sehr nützlich. Sie müssen so einfach wie möglich sein, um die durch die Beobachtungen gewonnene Information möglichst konzentriert zu nutzen und sie nicht auf zu viele Parameter zu verteilen. Kurz, das Modell soll das Wesentliche möglichst einfach ausdrücken können.

---

[1] In der mathematischen Statistik bezeichnet man Kurven und Flächen, die Polynome sind, eigentlich als lineare Modelle. Danach ist auch das Modell in der Abb. 9.4 linear. Es wird hier als „nicht linear" bezeichnet, nur um es von dem in der Abb. 9.3 zu unterscheiden.

9.4 Die Modelle müssen dem Ziel des Experiments angepasst sein

Studien und Experimente dienen stets einem bestimmten Ziel. Auf dieses muss das Modell ausgerichtet werden. Im ersten Beispiel (Abb. 9.1, *ein* Münzwurf) soll das Modell nur die Wahrscheinlichkeit dafür ausdrücken, das Ergebnis „Kopf" oder „Zahl" zu erhalten. Im zweiten Beispiel (Abb. 9.2 mit 100 Wiederholungen des Münzwurfs) geht es um die Wahrscheinlichkeiten für die *Anzahl der Ergebnisse* für „Kopf". Im dritten Beispiel geht es um den Ertrag einer Gemüsesorte, der linear von der Menge an Wasser und Kompost abhängt (Abb. 9.3) und im vierten Beispiel ist es wieder dieser Ertrag, aber die Abhängigkeit wird als nicht linear angesehen (Abb. 9.4).

In Abb. 5.2 sind die beobachteten Sonnenfleckenmaxima zwischen den Jahren 1749 und 1969 dargestellt. Das Ziel dieser Untersuchung war sehr einfach; man wollte die mittlere Zeit zwischen den Maxima schätzen. Das verwendete „Modell" ist deshalb auch sehr einfach, es ist nur eine nicht näher spezifizierte Verteilung der beobachteten Zeitabstände. Den Verteilungstyp hierfür braucht man nicht zu kennen und auch nicht genau zu definieren. Die beobachteten Daten genügen, um einen Mittelwert zu berechnen. Das Ergebnis war: Im „Mittel" tritt das „Maximum" alle 11 Jahre auf. Die beobachteten Abweichungen vom Mittelwert sind allerdings groß und der Verteilungstyp der Einzelwerte ist unbekannt. Würde man die Gesetzmäßigkeiten für die Entstehung von Eruptionen auf der Sonnenoberfläche gut verstehen und alle Einflussgrößen messen können, könnte man ein viel detaillierteres Modell formulieren und vielleicht sogar die Sonnenaktivität näherungsweise voraussagen. Doch das ist bis heute nicht möglich.

9.5 Die Modelle sollten Bekanntes in ihrer Form berücksichtigen

In vielen bekannten Modellen stecken grundsätzliche Annahmen, die zu einem bestimmten Wahrscheinlichkeitsmodell führen. Der bekannte Teil wird meistens durch eine mathematische Beziehung, eigentlich auch ein Modell, ausgedrückt. Das ist häufig eine Differentialgleichung. Beispiele für solche Modelle findet man z. B. im Buch von Meadows, Meadows und Randers „Die neuen Grenzen des Wachstums" [5]. Dort geht um Wachstumsmodelle, angewandt auf die Weltbevölkerung, die Getreide-Gesamtproduktion, usw. Es sind exponentielle Wachstumsmodelle. Sie gelten für die zeitliche Entwicklung von Größen, die einen konstanten Zuwachs pro Zeiteinheit erfahren. Das wohl allgemein bekannteste Beispiel dafür ist die Entwicklung eines Kapitals durch den Zinseszins-Effekt. Ein Beispiel zeigt Abb. 9.5.

Durch die wiederholte konstante Verzinsung des anwachsenden Kapitals wächst das gesamte Kapital exponentiell. Die relative Zunahme in einem Jahr entspricht stets dem Prozentsatz des im vorigen Jahr vorhandenen Kapitals. Solche Wachstumsgesetze gelten auch für viele andere Größen, wie das einer Bevölkerung, von Mikroben u. ä. Nimmt eine Größe mit einer konstanten Rate ab, so entstehen ebenfalls Kurven, allerdings mit exponentieller

Abb. 9.5 Wachstum eines
Anfangskapitals von 1000 €
mit der Zeit bei 2 % (untere
Kurve), 3 % (mittlere Kurve)
und 4 % Zinsen (obere Kurve)

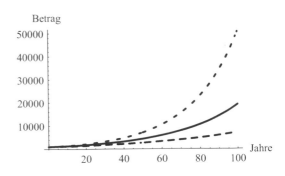

Abnahme. Sie können auch als Modelle dienen, z. B. für die Abnahme der Menge gewisser
Rohstoffe. Kompliziertere Modelle entstehen, wenn sich die jährlichen Veränderungsraten
zufällig ändern, im Mittel wachsen oder sich verringern. Zeitabhängige Modelle benutzt
man meistens zu Vorhersagen. Wenn sie mit tatsächlichen Entwicklungen in Verbindung
gebracht werden sollen, braucht man die beobachteten Werte in der Vergangenheit und
die beobachteten gegenwärtigen Wachstumsraten. Unter der Annahme, dass der Typ des
bisherigen Entwicklungsgesetzes auch in der Zukunft gilt, lassen sich die Methoden der
Stochastik zu Prognosen anwenden. Man betrachtet z. B. die jährlichen Wachstumsraten
als zufällig und berücksichtigt ihre Wahrscheinlichkeitsverteilung. Dann ergeben sich auch
Verteilungen für die prognostizierten Werte und die Unsicherheit der Prognosen lässt sich
berücksichtigen. Im o.g. Buch von Meadows, Meadows und Randers [5] wird lediglich auf
der Basis *angenommener* künftiger Zuwachsraten prognostiziert. Dort wurden die Modelle anschließend stark erweitert, indem Wechselwirkungen und Rückkopplungen z. B. mit
Bevölkerung, Kapital, Landwirtschaft und Umweltverschmutzung berücksichtigt werden.
Es entstehen sehr komplexe Computermodelle, die dort als World 3 bezeichnet werden.
Damit können die Auswirkungen von Rückkopplungen und Wechselwirkungen simuliert
werden. Solche Modelle lassen sich mathematisch weiter ausarbeiten, z. B. zu einer Theorie
von Modellen für den Treibhauseffekt, die man bei S.J.Cesar, Control and Game Models
of the Greenhouse Effect [2] findet. In diesen Fällen sind allerdings alle Annahmen deterministisch. Das Einbeziehen zufälliger Größen in diese Modelle wäre lohnend, macht sie
aber sehr kompliziert.

9.6 Das Ziel der aktuellen Forschung ist vielfach
die Entwicklung von Modellen

Modelle, die ganz oder teilweise vom Black-Box-Typus sind, gibt es in vielen Wissensgebieten. So lassen sich Degradationsvorgänge in elektronischen Bauteilen durch Modelle
beschreiben, deren Struktur die physikalisch/chemischen Vorgänge berücksichtigt und in
denen auch der jeweilige Zufallseinfluss durch eine entsprechende Wahrscheinlichkeits-

verteilung [3, 6] erfasst wird. Stochastische Methoden für komplizierte Modelle sind ein aktuelles Forschungsgebiet. Die meisten wirklich interessanten Zusammenhänge haben zufällige *und* kausale Komponenten. So enthalten Klimamodelle einerseits die Bilanz zwischen der auf die Erdoberfläche eingestrahlten und von ihr abgestrahlten Wärme, also einen kausalen Mechanismus, andererseits unterliegen die Daten über die eingestrahlte (von der Sonne) und die abgestrahlte Wärme (aus natürlichen Quellen und den vom Mensch verursachten Prozessen) starken zufälligen Schwankungen. Und es existieren viele zusätzliche äußere Einflüsse, Wechselwirkungen, Rückkopplungen usw., teilweise unbekannter Art. Alles das kann nur durch Modelle berücksichtigt werden, die mindestens teilweise vom Black-Box-Typ sind und zufällige Größen enthalten. Denn jeder Vorgang, der trotz ungefähr gleicher Randbedingungen zu verschiedenen Resultaten führt, deren Ursache sich im Einzelnen nicht erklären lässt, der aber beschrieben werden muss, lässt sich nur als ein zufälliges Experiment auffassen. Dazu braucht man ein *Wahrscheinlichkeitsmodell*. Die Physik verwendet solche Modelle schon seit langem, indem sie z. B. die Verteilung von Teilchen (Moleküle, Photonen, Elektronen,. . .) in einem „Phasenraum" betrachtet, diesen in „Zellen" unterteilt und in ihnen die Aufenthaltswahrscheinlichkeit der Teilchen berechnet. Diese Modelle der Physik heißen traditionell „Statistiken"; es gibt die Maxwell-Boltzmannsche Statistik, die Bose-Einstein-Statistik und die Fermi-Dirac-Statistik. Gegenwärtig suchen Ökonomen nach einem guten Modell zur Vorhersage von Kursentwicklungen und der Erklärung deren Volatilität [4]. Sogar das Alltagswissen bedient sich gewisser Modellvorstellungen, ein solches ist z. B. der Body-Mass-Index. Dieser ist das mittlere Verhältnis (ein Index) des Körpergewichts bezogen auf das Quadrat der Körperhöhe von Erwachsenen. Dieser Index wurde vor fast 150 Jahren vom Belgischen Statistiker L.-J. Quetelet [7] (1796–1847) formuliert. Er ist als BMI bekannt und sehr populär geworden. Einige Leute betrachten ihn fast als „Norm" und richten sogar ihre Lebensweise danach aus. Durch Bewegung und Diät wollen sie ihren Körper diesem Modell (einem auf ziemlich alten Daten beruhenden Mittelwert!) anpassen, ohne Rücksicht darauf, von welchem Konstitutionstyp sie sind. Das Robert Koch Institut hat z. B. im Rahmen des Bundes-Gesundheitssurveys 1998 aktuelle Statistiken über den BMI veröffentlicht, unterteilt nach Alter, Geschlecht, und Sozialschicht. Es werden die relativen Häufigkeiten in den Wertebereichen des BMI angegeben.

Modelle sind vielgestaltige formale Konstruktionen. Sie beschreiben und erklären so weit als möglich. Generell beschränken sie sich aber nur auf das Wesentliche. Das Unberechenbare wird in den zufälligen Größen und ihren Wahrscheinlichkeitsverteilungen berücksichtigt.

Wichtige Begriffe

Verteilungstyp	Formale Struktur einer Wahrscheinlichkeitsverteilung.
Wahrscheinlichkeitsmodell	Meistens eine Wahrscheinlichkeitsverteilung, sie kann
Modell	auch Bestandteil eines mathematischen Modells sein.

| Black-Box-Modell | Bekannt in der Input-Output-Analyse. Zusammenhänge werden formal und pauschal beschrieben, ohne auf das eigentlich stattfindende Kausalgeschehen einzugehen. |

Literatur

1. Bessel, F.W.: Ueber Wahrscheinlichkeits–Rechnung, Meyers Volksbibliothek für Länder-Völker- und Naturkunde, 70. Bd, S. 164 ff. Hildburghausen, New York (etwa 1855)
2. Cesar, H.S.J.: Control and Game Models of the Greenhouse Effect. Springer, Heidelberg (1994)
3. Härtler, G.: Statistik für Ausfalldaten. LiLoLe, Hagen (2008)
4. Mandelbrot, B.B., Hudson, R.L.: Fraktale und Finanzen. Piper, München (2007)
5. Meadows, D., Meadows, J., Randers, J.: Die neuen Grenzen des Wachstums. Deutsche Verlags-Anstalt GmbH, Stuttgart (1992)
6. Meeker, W.O., Escobar, L.A.: Statistical Methods for Reliability Data. Wiley, New York (1998)
7. Quetelet, L.A.: L'anthropométrie ou le mesure des différentes facultés de l'homme. C. Muquardt, Brüssel (1871)

Einige Wahrscheinlichkeitsverteilungen   **10**

*Einige der häufigsten Wahrscheinlichkeitsverteilungen werden
anhand von Beispielen erklärt, ausgenommen bleibt zunächst die
Normalverteilung, sie wird im nächsten Kapitel gesondert behandelt.*

10.1 Die Gleichverteilung

Beim Würfeln mit einem idealen Würfel sind alle sechs Augenzahlen gleich wahrscheinlich
und haben den Wert 1/6. Eine solche Wahrscheinlichkeitsverteilung heißt *Gleichverteilung*
oder *gleichmäßige Verteilung*. Sie ist in Abb. 10.1 dargestellt. Alle ihre Eigenschaften sind
durch den Begriff „Gleichverteilung" und durch die entsprechende Wahrscheinlichkeit,
hier 1/6, ausgedrückt.

Hätten wir statt des heute üblichen 6-flächigen Würfels ein Oktaeder (einen Acht-
flächner) benutzt, so gäbe es 8 Augenzahlen, von denen jede mit der gleichen Wahrscheinlichkeit „gewürfelt" werden könnte. Es gäbe also für die oben liegende Augenzahl
8 Möglichkeiten, die bei einem Wurf mit der gleichen Wahrscheinlichkeit eintreffen
könnten. Die Wahrscheinlichkeit jeder Augenzahl wäre also 1/8 und die Wahrscheinlichkeitsverteilung wieder eine Gleichverteilung. Beim Münzwurf gibt es nur zwei
Möglichkeiten und es entsteht eine Gleichverteilung mit nur zwei möglichen Resultaten,
d. h. die beiden Wahrscheinlichkeiten sind gleich ½, siehe Abb. 9.1.

In vielen Anwendungen ist es zweckmäßig, nicht die Einzelwahrscheinlichkeiten an-
zugeben, sondern die Wahrscheinlichkeiten vom kleinsten bis zu jedem betrachteten
Wert aufzusummieren. So entsteht die Summenwahrscheinlichkeitsverteilung. Für die
Gleichverteilung in Abb. 10.1 hat sie die in der Abb. 10.2 gezeigte Form. Liegt eine
Gleichverteilung vor, so wächst die Summenverteilung linear von Null bis Eins. In dieser

G. Härtler, *Statistisch gesichert und trotzdem falsch?*, Springer-Lehrbuch,
DOI 10.1007/978-3-662-43357-7_10, © Springer-Verlag Berlin Heidelberg 2014

Abb. 10.1 Gleichverteilung, Wahrscheinlichkeitsmodell beim Würfeln

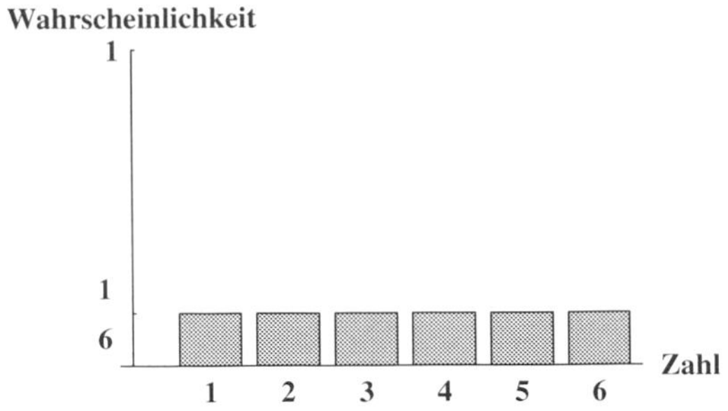

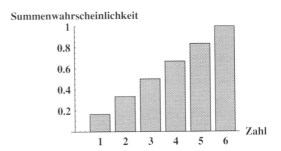

Abb. 10.2 Summenverteilung, Wahrscheinlichkeitsmodell beim Würfeln

Darstellung sieht man z. B., mit welcher Wahrscheinlichkeit eine gewürfelte Augenzahl kleiner oder gleich 3 ist (sie ist gleich ½) oder ab welcher Augenzahl die Wahrscheinlichkeit größer oder gleich 0.6 ist (ab 4). In der Fachliteratur versteht man heute unter dem Begriff „Wahrscheinlichkeitsverteilung" generell die aufsummierte Form. Das hat mit der mathematisch korrekten Definition der Wahrscheinlichkeit zu tun und ist vor allem für Wahrscheinlichkeitsverteilungen kontinuierlicher Zufallsgrößen erforderlich[1]. Die Gleichverteilung gibt es auch für kontinuierliche Zufallsgrößen. Dann wird stets die Summenverteilung als Wahrscheinlichkeitsverteilung bezeichnet.

10.2   Die Binomialverteilung

Die Abb. 8.1 und 8.2 im achten Kapitel zeigen *Binomialverteilungen*. Ihre Form hängt von den beiden Parametern des Denkmodells „Urne mit festem *Anteil* roter Kugeln" und „Anzahl der Ziehungen (mit Zurücklegen)" ab. Der erste Parameter ist der Anteil roter Kugeln, es ist die *Grundwahrscheinlichkeit* für das einmalige Ziehen einer roten Kugel, der zweite Parameter ist die *Anzahl der Ziehungen*. Die *zufällige Größe* ist die *Anzahl roter Kugeln* in der betrachteten Zahl von Ziehungen. Das Produkt „Anteil mal Anzahl" ergibt

---

[1] Die Wahrscheinlichkeit dafür, dass eine kontinuierliche zufällige Größe *genau* einen einzelnen Punkt der kontinuierlichen Menge aller möglichen Werte trifft, ist Null. Man kann nur die Wahrscheinlichkeit dafür angeben, dass die Zufallsgröße in einem gewissen Bereich liegt.

den *Erwartungswert* der zufälligen Veränderlichen. Für die Verteilung in Abb. 8.1 ist er gleich $10 \cdot 1/3 = 3{,}333...$ und in Abb. 8.2 gleich $100 \cdot 1/3 = 33{,}333...$ Das bedeutet, es ist zu *erwarten*, dass in 10 Ziehungen „im Mittel" 3 mal eine rote Kugel entnommen wird und in 100 Ziehungen 33 mal. Der *Erwartungswert* der *zufälligen Größe* ist im allgemeinen Sprachgebrauch der „Mittelwert". Die Ergebnisse der einzelnen Ziehungen „streuen" um diesen. Die theoretische „Streuung", die sich auf das Wahrscheinlichkeitsmodell bezieht, ist ebenfalls ein theoretischer Wert und heißt *Varianz*. Die beiden Größen lassen sich für fast jede Wahrscheinlichkeitsverteilung mit bekannten Parametern berechnen. Sie definieren die Lage und die Ausdehnung der Wahrscheinlichkeitsverteilung auf der Achse aller möglichen zufälligen Ergebnisse. Der Erwartungswert drückt ihre Lage aus (er heißt deshalb auch Lageparameter) und die Quadratwurzel der Varianz (die Standardabweichung) ihre Ausdehnung (diese heißt deshalb auch Skalenparameter). Es gibt noch weitere Maße, um eine Wahrscheinlichkeitsverteilung detaillierter zu charakterisieren, z. B. die „Schiefe", die ihre Asymmetrie ausdrückt. Wahrscheinlichkeitsverteilungen lassen sich so auf verschiedene Art charakterisieren: Entweder durch ihre Parameter oder durch ihre Eigenschaften (Lage, Ausdehnung, Schiefe, . . .). Heute bevorzugt man die Charakterisierung durch die Parameter, für das obige Beispiel heißt das, die Binomialverteilung wird durch die beiden Parameter *Grundwahrscheinlichkeit* und *Anzahl* der Ziehungen gekennzeichnet.

Unser Student aus Wien interessierte sich für die verschiedenen Sonnenöle und damit auch für den Anteil der Spaziergänger, der kein Sonnenöl benutzt. Wie groß ist dieser? Auf diese Frage gibt es nur zwei möglichen Antworten: Der Passant benutzt kein Sonnenöl, er ist also ein Ignorant von Sonnenölen (rote Kugel), oder er benutzt irgendeine Marke (weiße Kugel). Das Modell ist eine Binomialverteilung, in welcher der *Anteil* der Ignoranten durch die *Grundwahrscheinlichkeit* ausgedrückt wird und die *Anzahl* der Befragten entspricht dem vom Studenten gewählten *Stichprobenumfang*. Wenn nur sehr wenige der Menschen, die in Wien spazieren gehen, kein Sonnenöl verwenden, dann würde unser Student, falls er nur 10 Menschen befragte, vermutlich keinen einzigen Sonnenöl-Ignoranten treffen. Angenommen, unter den Spaziergängern ist der Anteil nur 1 %, dann wäre die Wahrscheinlichkeit dafür, keinen von ihnen zu treffen, sehr hoch, nämlich $0{,}904...$ und die Wahrscheinlichkeit dafür, mehr als einen zu treffen wäre praktisch Null. Das zeigt Abb. 10.3. Unter 100 Befragten wäre die Wahrscheinlichkeit dafür, keinen zu treffen, etwas höher, nämlich $0{,}366...$ Das zeigt Abb. 10.4. Diese Beispiele zeigen, wie stark sich die Binomialverteilungen für unterschiedliche Stichprobenumfänge voneinander unterscheiden und dass sie sich als Modell für *seltene Ereignisse* schlecht eignet.

10.3 Die Poisson-Verteilung

Unser Student könnte für die Frage, ob der Passant ein Sonnenöl benutzt oder nicht, ein günstigeres Wahrscheinlichkeitsmodell wählen, eines, das sich speziell zur Beschreibung seltener Ereignisse eignet. Das ist die Poisson-Verteilung. Die zufällige Größe ist dabei die

Abb. 10.3 10 Ziehungen aus einer Urne, in der 1/100 der Kugeln rot ist

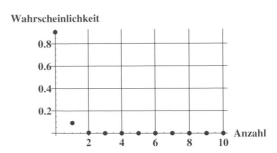

Abb. 10.4 100 Ziehungen aus einer Urne, in der 1/100 der Kugeln rot ist

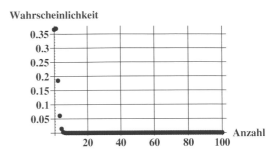

Abb. 10.5 Sonnenöl-Ignoranten pro 100 Personen (Poisson-Verteilung, Parameter 1)

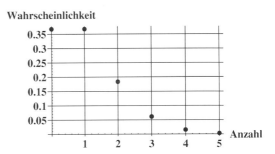

Anzahl der Ignoranten pro Gruppe, z. B. die pro 100 oder 1000 Personen. Dieses Modell zeigen die Abb. 10.5 und 10.6. Der Parameter der Poisson-Verteilung ist das Produkt aus der Grundwahrscheinlichkeit, die wie oben 0,01 ist, und der Betrachtungseinheit (Gruppengröße). In Abb. 10.5 ist der Parameter folglich $\frac{1}{100} \cdot 100 = 1$ und in Abb. 10.6 das Zehnfache davon, $\frac{1}{100} \cdot 1000 = 10$. In Abb. 10.5 ist die Wahrscheinlichkeit dafür, unter 100 Personen keinen einzigen Sonnenöl-Ignoranten zu finden, gleich 0,367... (ungefähr wie in der Abb. 10.4) und die Wahrscheinlichkeit dafür, einem zu begegnen ist ebenfalls 0,367.... Unter 1000 Personen können wir nicht mehr damit rechnen, keinen einzigen Ignoranten zu finden, diese Wahrscheinlichkeit ist nur noch 0,0000453....

Zu Beginn jeder statistischen Untersuchung kommt es darauf an, sich eine Vorstellung von den zu erwartenden Größen zu machen um dann das dazu passende Wahrscheinlichkeitsmodell wählen zu können. Dann lässt sich der erforderliche Umfang der Befragungen (Beobachtungen) besser abschätzen.

Abb. 10.6 Sonnenöl-
Ignoranten pro 1000 Personen
(Poisson-Verteilung,
Parameter 10)

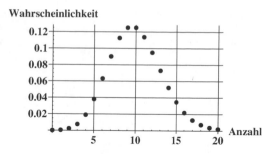

10.4 Die Polynomialverteilung

Der Student interessierte sich nicht nur dafür, ob die befragten Personen irgendein Sonnenöl benutzen oder nicht, sondern, falls ja, welches. So sammelte er Antworten, die ihm zur Schätzung der Wahrscheinlichkeiten für das Produkt **A**, **B**, **C**, **D**, **E**, oder **keines** verhelfen sollten. Die Wahrscheinlichkeitsverteilung, die in diesem Falle angewendet werden muss, heißt Polynomialverteilung oder Multinomialverteilung. Es geht dabei um mehrere Wahrscheinlichkeiten gleichzeitig. Sie sind nicht gleich, wie beim Würfeln, und es sind nicht nur zwei, wie bei der Binomialverteilung. Die einzige feststehende Tatsache, die wir kennen, ist, dass die Summe aller 6 Wahrscheinlichkeiten Eins ergeben muss. Diese Verteilung ist komplizierter und lässt sich ohne Formeln nicht einfach erklären. Deshalb verzichten wir hier auf sie und verweisen den interessierten Leser auf die Fachliteratur.

10.5 Ein Beispiel für die Modelle Poisson-Verteilung und Exponentialverteilung

Die Poisson-Verteilung eignet sich auch dazu, die zufällige Anzahl von Ereignissen pro Zeiteinheit, Längeneinheit, oder Flächeneinheit zu beschreiben, wenn diese sich mit einer konstanten Rate in der Zeit, auf der Länge oder der Fläche ereignen. Ein klassisches Beispiel dafür ist der radioaktive Zerfall. Die zufällige Anzahl emittierter α-Teilchen in sich nicht überlappenden gleich langen Zeitabschnitten folgt diesem Modell (der Zerfallsprozess findet mit einer konstanten Rate in der Zeit statt). Rutherford und Geiger zählten die emittierten α-Teilchen einer radioaktiven Substanz. Sie beobachteten 2608 Zeitabschnitte von je 7,5 s Dauer[2] und ermittelten so, dass die mittlere Anzahl von Teilchen pro Zeitintervall 3,87 ist. Die Wahrscheinlichkeiten einer Poisson-Verteilung mit diesem Parameter zeigt Abb. 10.7. In dieser Darstellung sind die mit der Poisson-Verteilung berechneten

---

[2] Die Zahlen stammen aus Fisz, M.: Wahrscheinlichkeitsrechnung und mathematische Statistik, Deutscher Verlag der Wissenschaften, Berlin (1958).

Abb. 10.7 Geiger-Rutherford-Experiment, grau: Poisson-Verteilung, schwarz: Zählergebnis

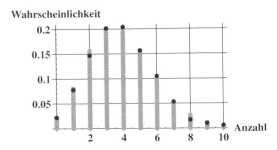

Wahrscheinlichkeiten als graue Balken und die Zählergebnisse als schwarze Punkte eingezeichnet. Die Übereinstimmung zwischen den Daten und der Poisson-Verteilung ist überaus gut.

In diesem Fall ist auch die Anwendung eines anderen Wahrscheinlichkeitsmodells möglich. Man könnte als Zufallsgröße die *Zeitabstände* zwischen den aufeinanderfolgenden Emissionen messen. Da der radioaktive Zerfall ein zufälliger Prozess mit *konstanter* Zerfallsrate ist, folgen die zufälligen Zeitabstände einer Exponentialverteilung[3]. Der radioaktive Zerfall ist ein stochastischer Prozess (ein sog. Punktprozess). Er heißt *Poisson-Prozess.* In diesem folgt die *Anzahl der Ereignisse in festen Zeitintervallen* einer *Poisson-Verteilung* und die *Zeit zwischen den Ereignissen* einer *Exponentialverteilung.* Die Zeit ist eine kontinuierliche Größe und die Wahrscheinlichkeit dafür, dass eine Emission *genau* zwischen den Zeitpunkten x und $x + dx$ (dx geht gegen 0) stattfindet, geht gegen Null. Man kann als Modell jedoch die *Wahrscheinlichkeitsdichte* der Exponentialverteilung über der kontinuierlichen Zeit darstellen. Durch Integration ab 0 erhält man für alle Zeitabstände die entsprechende *Wahrscheinlichkeitsverteilung* (die wir bisher für diskrete Zufallsgrößen Summenverteilung nannten); Sie gibt die Wahrscheinlichkeit dafür an, dass ein Zeitabstand zwischen den Emission einen bestimmten Wert (hier in Sekunden angegeben) hat. Der Parameter der Exponentialverteilung ist die „mittlere Zeit zwischen den Ereignissen (den α-Zerfällen)". Aus den beobachteten Daten ergibt sich der Wert $\frac{7,5}{3,87} = 1{,}94s$. Die zu diesem Parameter gehörende Wahrscheinlichkeitsdichte der Exponentialverteilung zeigt Abb. 10.8 und die Wahrscheinlichkeitsverteilung Abb. 10.9. In der Abb. 10.9 sehen wir, dass praktisch alle Zeitabstände kürzer als 10 s sind. Für die meisten der allgemein bekannten Verteilungstypen gilt, dass die Wahrscheinlichkeitsdichte in der Nähe des Erwartungswertes am größten ist. Bei der Exponentialverteilung ist das nicht der Fall, hier tritt die maximale Wahrscheinlichkeitsdichte an der Stelle 0 auf.

Unsere Beispiele zeigen, dass es häufig mehrere Möglichkeiten für die Wahl eines Wahrscheinlichkeitsmodells gibt. Jede Versuchsvorbereitung sollte damit beginnen, das geeignete Wahrscheinlichkeitsmodell zu bestimmen. So manches unbefriedigende Resultat einer alltäglichen Anwendung der Stochastik lässt sich auf ein ungeeignetes Wahrscheinlichkeitsmodell zurückführen. Der häufigste Grund für eine unzulängliche Modellwahl

---

[3] Das lässt sich mathematisch aus dem homogenen Poisson-Prozess herleiten.

Abb. 10.8 Wahrscheinlichkeitsdichte der Exponentialverteilung

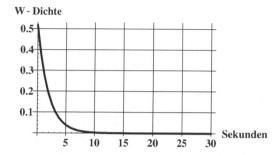

Abb. 10.9 Wahrscheinlichkeitsverteilung der Exponentialverteilung

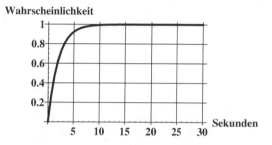

könnte die Popularität gewisser Verteilungstypen sein, die alle anderen Möglichkeiten vergessen lässt. Ein solches Modell ist die Normalverteilung. Sie ist als Modell zwar sehr häufig geeignet, aber bei weitem nicht immer.

Wichtige Begriffe

Gleichverteilung, gleichmäßige Verteilung	Wahrscheinlichkeitsverteilung. Alle Werte haben die gleiche Wahrscheinlichkeit.
Binomialverteilung	Wahrscheinlichkeitsverteilung einer zufälligen Größe, die nur zwei Werte annehmen kann.
Poisson-Verteilung	Wahrscheinlichkeitsverteilung einer zufälligen „Anzahl von Ereignissen pro Einheit", die sich mit einer konstanten Rate ereignen.
Exponentialverteilung	Wahrscheinlichkeitsverteilung der Zufallsgröße „Abstand zwischen den Ereignissen", wenn sie sich mit einer konstanten Rate ereignen.

Die Normalverteilung

Die vermutlich bekannteste Wahrscheinlichkeitsverteilung überhaupt ist die Normalverteilung. Ihre Verteilungsdichte ist symmetrisch und hat die Form einer Glocke. Als Wahrscheinlichkeitsmodell ist sie bei weitem nicht so universell anwendbar, wie allgemein gedacht wird. Ihre universelle Sonderstellung kommt daher, dass die meisten Verteilungen, die vom Stichprobenumfang abhängen, sich für große Stichproben einer Normalverteilung nähern.

11.1 Die Charakteristika einer Normalverteilung

Die *Normalverteilung* ist wohl das bekannteste und am häufigsten angewendete Wahrscheinlichkeitsmodell. Manche halten es für *das* universelle Gesetz des Zufalls, was aber in dieser Absolutheit nicht stimmt. Man nennt die Normalverteilung auch *Glockenkurve*, denn die Wahrscheinlichkeitsdichte hat die Form einer Glocke, oder man nennt sie *Gaußverteilung*, weil sie auf Carl Friedrich Gauß (1777–1855) zurückgehen soll[1]. Eine zufällige Größe, die einer Normalverteilung folgt, ist kontinuierlich. Sie kann alle Werte zwischen $-\infty$ und $+\infty$ annehmen. Die Verteilung hängt von nur zwei Parametern ab: dem *Erwartungswert* (Mittelwert), einem Lageparameter, der ihre Lage auf der Achse der zufälligen Veränderlichen anzeigt, und der *Varianz* (Streuung), einem Skalenparameter, dessen Quadratwurzel (die Standardabweichung) die Breite der Verteilung anzeigt. Die Wahrscheinlichkeitsdichte hat ihr Maximum über dem Erwartungswert und fällt nach beiden Seiten symmetrisch ab. Die Wahrscheinlichkeiten für gleich große positive oder negative Abweichungen vom Erwartungswert sind gleich. Je weiter ein zufälliger Wert vom

---

[1] Adrien-Marie Legendre (1752–1833) stieß etwa zur gleichen Zeit diese Verteilung.

G. Härtler, *Statistisch gesichert und trotzdem falsch?*, Springer-Lehrbuch, DOI 10.1007/978-3-662-43357-7_11, © Springer-Verlag Berlin Heidelberg 2014

Abb. 11.1 Wahrscheinlichkeitsdichten von
Normalverteilungen mit den
Erwartungswerten − 5, 0, 5
und der Standardabweichung 1

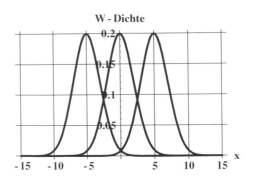

Abb. 11.2 Wahrscheinlich-
keitsdichten von
Normalverteilungen mit dem
Erwartungswert 0 und den
Standardabweichungen ½, 1, 2

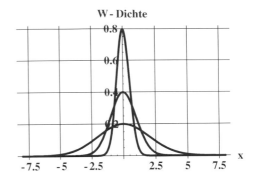

Erwartungswert entfernt ist, umso kleiner ist dessen Wahrscheinlichkeit. Der Abstand
der zufälligen Veränderlichen vom Erwartungswert wird meistens in Vielfachen der Standardabweichung gemessen. Im Bereich (Erwartungswert ± Standardabweichung) liegt
etwa 68 % der Zufallsgröße, im Bereich (Erwartungswert ± 2 × Standardabweichung)
ca. 96 % und im Bereich (Erwartungswert ± 3 × Standardabweichung) ca. 99,7 %. Die
Wahrscheinlichkeit ist also extrem klein, dass man Werte findet, die einen größeren Abstand vom Erwartungswert haben, als 3 × Standardabweichung. Abbildung 11.1 und 11.2
zeigen einige Beispiele von Wahrscheinlichkeitsdichten einer Normalverteilung. Es sind
je drei Wahrscheinlichkeitsdichten dargestellt, die sich nur durch ihren Erwartungswert
(Abb. 11.1) oder nur durch ihre Varianz (Abb. 11.2) unterscheiden.

11.2 Die Normalverteilung ist eine Grenzverteilung

In der Wahrscheinlichkeitstheorie gibt es *Grenzverteilungsssätze*, die beweisen, dass unter
ziemlich allgemeinen Bedingungen die Summe einer *großen* Zahl *unabhängiger* Zu-
fallsveränderlicher annähernd normalverteilt ist. Das bekannteste Beispiel dafür ist das
Fehlergesetz. Es sagt, dass ein zufälliger Messfehler, der eine Summe von sehr vielen kleinen und voneinander unabhängigen Fehlern ist, näherungsweise einer Normalverteilung

folgt. Diese Tatsache hat vermutlich zu dem Missverständnis geführt, dass man glaubt, zufällige Größen könnten stets und immer ohne Zaudern durch Normalverteilungen beschrieben werden. Die Beschreibung der zufälligen Größe „Zeitintervalle zwischen den α-Zerfällen" im Rutherford-Geiger-Experiment durch eine Normalverteilung wäre ganz offensichtlich falsch. Die Wahrscheinlichkeitsdichte der Exponentialverteilung (Abb. 10.8) hat ihr Maximum bei 0 und besitzt auch sonst keine Ähnlichkeit mit einer Normalverteilung. Dagegen nähert sich die Poisson-Verteilung (Abb. 10.7) für große Stichproben, d. h. für viele Zählergebnisse, durchaus einer Normalverteilung, obwohl die betrachtete zufällige Größe eine ganze (diskrete) Zahl ist. Viele Wahrscheinlichkeitsverteilungen nähern sich einer Normalverteilung, wenn nur der Stichprobenumfang groß genug ist. Aber dieses „groß genug" hängt auch von den Werten der Parameter dieser Verteilung ab. So nähert sich die Binomialverteilung bereits in mäßig großen Stichproben einer Normalverteilung, wenn die Grundwahrscheinlichkeit (Anteil der roten Kugeln) ungefähr ½ ist, für sehr große oder sehr kleine Grundwahrscheinlichkeiten geschieht das aber erst in viel größeren Stichproben. Die Verteilung von *Summen* zufälliger, unabhängiger und gleichverteilter Zufallsgrößen nähert sich dagegen schon mit wenigen Summanden erstaunlich gut einer Normalverteilung, und diese Näherung wird mit wachsender Anzahl von Summanden immer besser. Es gibt viele solcher Beispiele.

11.3 Vorsicht bei Anwendung der „Normalverteilung"! Sie gilt nicht universell, nur häufig

Trotz ihres großen Anwendungsbereichs ist bei der Verwendung der Normalverteilung als Modell Vorsicht geboten: Auf so manches Zufallsgeschehen darf man die Normalverteilung keinesfalls anwenden. Man sagt: *Die Normalverteilung wird so überaus häufig angewandt, weil die Praktiker glauben, die Theoretiker hätten nachgewiesen, dass sie immer gilt, und die Theoretiker glauben, dass die Praktiker die Normalverteilung immer beobachten.* Manchmal werden Zufallsgrößen z. B. in eine aufsteigende Reihenfolge gebracht (z. B. die Ausfallzeitpunkte technischer Systeme) und dann wird die Wahrscheinlichkeitsverteilung der Zeitpunkte ausschließlich des ersten, zweiten, usw. Ereignisses gebraucht. Diese Verteilungen heißen Ranggrößenverteilungen und weichen für kleine oder große Rangzahlen deutlich von einer Normalverteilung ab. Auch die Verteilungen von Extremwerten (maximalen oder minimalen Temperaturen in gleichen Zeitintervallen, Pegelständen, Regenmengen, Windgeschwindigkeiten, . . .) ähneln nur in Ausnahmefällen einer Normalverteilung. Leider führt die ungerechtfertigte Voraussetzung der Normalverteilung als Wahrscheinlichkeitsmodell oft zu falschen Schlüssen und anschließend zur Pauschalkritik an der mathematischen Statistik. Mandelbrot und Hudson [1] beanstanden z. B. die Anwendung der Normalverteilung auf die Verteilung von Intelligenzquotienten. Sie schreiben: *„Kurz, die Kurve der Normalverteilung ist unzerstörbar. Es handelt sich um mathematische Alchemie."* Es ist natürlich keine Alchemie, aber die Wahl des geeigneten

Abb. 11.3 Häufigkeitsverteilung der Körperhöhe von Frauen und Normalverteilungsdichte

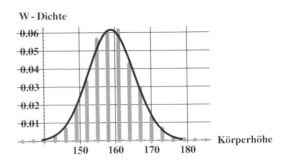

Wahrscheinlichkeitsmodells ist das A und O der Stochastik! Der Intelligenzquotient wird üblicherweise auf eine Referenzgruppe bezogen und so geeicht, dass der Mittelwert 100 und die Standardabweichung 15 ist. Dann stellt man sich eine Normalverteilung vor und erwartet, dass etwa 68 % aller erfassten Intelligenzquotienten im Bereich von 85 bis 115 liegen. Das muss natürlich nicht stimmen, denn es ist ja nur eine Annahme. Sie kann aber durchaus zweckmäßig sein. Das Hauptargument von Mandelbrot und Hudson gegen die Anwendung der Normalverteilung ist, dass sich die Normalverteilung über die ganze Zahlengerade von $-\infty$ bis $+\infty$ erstreckt und dass das für den Intelligenzquotienten nicht gilt. Das allein ist kein Hindernis für ihre Anwendung. In den Jahren 1956 bis 1960 wurden von der Bekleidungsindustrie in der DDR umfangreiche Körpermessungen durchgeführt. Sie hatten das Ziel, die geltenden Konfektionsgrößen den tatsächlichen Körpermaßen besser anzupassen. Jede Häufigkeitsverteilung eines untersuchten Maßes entsprach ziemlich gut einer Normalverteilung, obwohl natürlich kein Körpermaß einen negativen Wert haben oder unendlich werden kann. Die beobachteten Verteilungen sind weit genug vom Nullpunkt entfernt und die für die Normalverteilung geltenden Wahrscheinlichkeiten sehr großer Abweichungen vom Mittelwert sind verschwindend klein. Die Übereinstimmung zwischen Modell und Häufigkeitsverteilung war jedenfalls gut genug, um auf dieser Basis Konfektionsgrößen entwickeln zu können. Bereits im 19. Jahrhundert befasste sich der belgische Mathematiker L.A. Quetelet (1796–1847) [2] mit der Frage, ob man die Körpermaße von Menschen durch Normalverteilungen beschreiben könne. Er führte anthropologische Messungen durch und prüfte die Anpassung an eine Normalverteilung. Er bejahte diese Frage schließlich. Die Übereinstimmung zwischen einer Normalverteilung und den ermittelten Häufigkeiten für unsere Körpermessungen zeigen die Abb. 11.3 und 11.4, und zwar für die Maße Körperhöhe und Gesäßumfang von Frauen (es wurden 13472 Frauen im Alter zwischen 20 und 70 Jahren gemessen und die relativen Häufigkeiten gelten für Klassen von 3 bzw. 4 cm)[2].

---

[2] Eigenes Material. Teile davon sind veröffentlicht in Härtler, G., Zu einigen Problemen der statistischen Auswertung bei der Entwicklung neuer Bekleidungsgrößen, Biometrische Zeitschrift **3** (1961), S. 274–281, Akademie Verlag Berlin.

Abb. 11.4 Häufigkeitsver-
teilung des Gesäßumfangs von
Frauen und
Normalverteilungsdichte

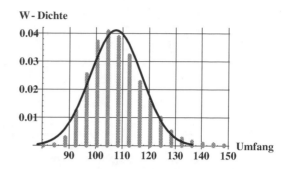

11.4 Zweidimensionale Normalverteilungen

Bisher haben wir nur die Normalverteilung *einer* Zufallsgröße betrachtet, d. h. wir haben uns nur mit *eindimensionalen* zufälligen Größen befasst. Wenn wir zwei zufällige Größen gleichzeitig erfassen, so liegen alle möglichen Werte der Zufallsgrößen auf einer Fläche. Abbildung 11.5 zeigt 100 zufällig ausgewählte Messwerte von Körperhöhe und Gesäßumfang von Frauen als „Scatterplot". Das ist die Bezeichnung einer Darstellung von Messwerten, die als Punkte direkt auf die durch die beiden Zufallsgrößen gebildete Fläche gezeichnet werden. Wie wir sehen, liegen die Punkte in der Mitte dichter, denn es gibt mehr mittelgroße Frauen mit mittlerer Figur als kleine, große, dicke oder dünne. Zur Beschreibung der *gemeinsamen Verteilung* von *zwei Maßen* brauchen wir eine *zweidimensionale Wahrscheinlichkeitsverteilung*. Da die möglichen Werte der Zufallsgröße auf einer Fläche liegen, können wir die zweidimensionale Wahrscheinlichkeitsdichte als Höhen über der Fläche darstellen. Abbildung 11.6 zeigt die Dichte der zweidimensionalen Normalverteilung als Modell für die gemeinsame Verteilungsdichte von Körperhöhe und Gesäßumfang. Diese Darstellungsweise ermöglicht es auch, zu sehen, ob die beiden Zufallsgrößen voneinander unabhängig oder korreliert sind. Auch das zeigt dieses und ein weiteres Beispiel. In der Abb. 11.6 handelt es sich um die zweidimensionale Wahrscheinlichkeitsdichte einer Normalverteilung, die als Modell zur zweidimensionalen Häufigkeitsverteilung der Maße Körperhöhe und Gesäßumfang passt. Die beiden Maße sind kaum korreliert, deshalb erscheint die Verteilungsdichte als „Hut" beinahe über einem Kreis. Die Maße Körperhöhe und innere Beinlänge dagegen besitzen eine positive Korrelation, denn größere Frauen haben im Mittel auch längere Beine und umgekehrt. Die innere Beinlänge lässt sich nach den gemessenen Daten etwa zur Hälfte aus der Körperhöhe erklären. Ein „Scatterplot" von 100 zufällig ausgewählten Daten mit dieser zweidimensionalen Verteilung zeigt Abb. 11.7. Der „Hut" ist nun zusammengedrückt und hat die Grundfläche einer Ellipse. Abbildung 11.8 zeigt die Verteilungsdichte einer Normalverteilung für die beiden positiv korrelierten Maße. Der Kamm der zweidimensionalen Dichte liegt über einer Geraden, diese heißt Regressionsgerade und ist in Abb. 11.9 dargestellt.

Der Korrelationskoeffizient ist das Maß für die lineare Abhängigkeit zweier zufälliger Größen. Er kann alle Werte zwischen -1 und $+1$ annehmen. Ist er gleich 0, so bedeutet

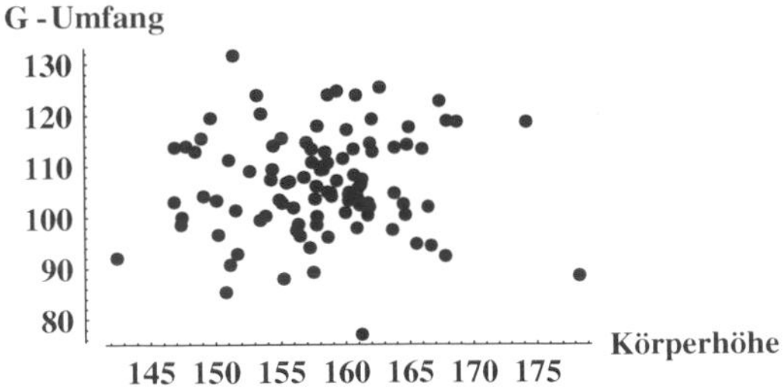

Abb. 11.5 Scatterplot von
Körperhöhe zum
Gesäßumfang bei Frauen

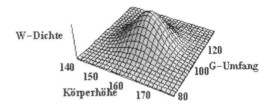

Abb. 11.6 Zweidimensionale
Verteilungsdichte zur
Abb. 11.5

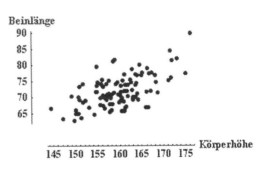

Abb. 11.7 Scatterplot von
Körperhöhe zur Beinlänge bei
Frauen

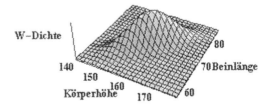

Abb. 11.8 Zweidimensionale
Verteilungsdichte zur
Abb. 11.7

das, dass es zwischen den beiden zufälligen Größen keinen Zusammenhang gibt, ist er
gleich + 1, so ist der Zusammenhang funktional (nicht zufällig) und positiv linear (eine
ansteigende Gerade)), der Wert − 1 bedeutet, dass ebenfalls ein funktionaler (nicht zufälliger) linearer Zusammenhang (eine abfallende Gerade) besteht, der aber negativ ist.
Zwischen der Körperhöhe und dem Gesäßumfang von Frauen ergab sich ein Korrelationskoeffizient von nur 0,039, das bedeutet, nur etwa 0,15 % der Variation des Maßes
„Gesäßumfang" kann auf die Variation des Maßes Körperhöhe zurückgeführt werden,
während die Korrelation zwischen der Körperhöhe und der Beinlänge 0,39 war, d. h. 16 %
der Variation des Maßes „Beinlänge" kann auf die Variation des Maßes Körperhöhe zu-

Abb. 11.9 Regressionsgerade
zu den Daten in Abb. 11.7

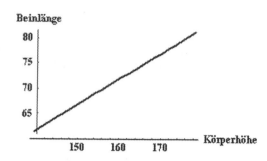

rückgeführt werden. Die mittlere Abhängigkeit zwischen der Körperhöhe und Beinlänge drückt die Regressionsgerade aus, diese ist in Abb. 11.9 gezeigt. Der Anstieg ist positiv, denn der Korrelationskoeffizient ist positiv; das heißt praktisch nur, dass größere Frauen im Mittel auch längere Beine haben.

Die zuletzt genannten Beispiele beruhen auf beobachteten Daten. Das Modell ist hierbei nur die Annahme, dass die zweidimensionale Normalverteilung gilt. Es enthält dann 5 unbekannte Parameter, nämlich die Erwartungswerte und Varianzen der beiden beteiligten zufälligen Größen, sowie den theoretischen Korrelationskoeffizienten. Die mit Hilfe der Daten errechneten Werte sind nur Schätzungen dieser Parameter, worauf wir noch zu sprechen kommen werden. Es ist nun an der Zeit, auch die Eigenschaften von Daten zu nennen, die für eine sinnvolle statistische Auswertung notwendig sind.

Wichtige Begriffe

Normalverteilung	Wahrscheinlichkeitsverteilung für kontinuierliche zufällige Größen mit den Parametern Erwartungswert und Varianz.Die Verteilungsdichte ist symmetrisch und hat die Form einer Glocke.
Grenzverteilungssätze	Theoreme der Wahrscheinlichkeitstheorie. Beweise, dass die Wahrscheinlichkeitsverteilung einer vom Beobachtungsumfang abhängenden zufälligen Größe mit wachsendem Umfang gegen eine Normalverteilung konvergiert.
Scatterplot	Darstellung der Realisierungen einer zweidimensionalen zufälligen Größe.
Korrelationskoeffizient	Maß für die Abhängigkeit zufälliger Größen. Kann Werte im Bereich von -1 bis $+1$ annehmen. $+1$ oder -1 bedeutet vollständige positive oder negative Abhängigkeit, 0 Unabhängigkeit.
Regression	Kurve, gibt die mittlere Abhängigkeit einerzufälligen Größe von einer anderen an.

Literatur

1. Mandelbrot, B.B., Hudson, R.L.: Fraktale und Finanzen. Piper, München (2007)
2. Quetelet, L.A.: Sur l'homme et le développement de ses facultés ou essai de physique sociale. Bachelier, Paris (1835)

Was nun die Daten betrifft 12

Die einzige Quelle, die wirklich die empirische Information liefert, sind die Beobachtungswerte. Man muss deshalb stets kritisch prüfen, ob die Daten die erforderlichen Eigenschaften besitzen, d. h. sich für das Ziel der Untersuchung eignen, zufällig und unabhängig sind und dem vorausgesetzten Wahrscheinlichkeitsmodell entsprechen. Die Art und Weise der Datenerhebung hat durchaus ihre Tücken.

12.1 Prüfung der Zufälligkeit und Unabhängigkeit

Die Daten sind die einzige Informationsquelle, die Auskunft über das Wahrscheinlichkeitsmodell und die unbekannten Parameter geben kann. Ohne die Ergebnisse der Beobachtung, Zählung oder Messung und der anschließenden Registrierung der Häufigkeiten der verschiedenen ermittelten Werte gelingt es nur in Ausnahmefällen (Würfeln, Münzwurf,...), ein Wahrscheinlichkeitsmodell zu formulieren, dessen Parameter bekannt sind. Auch die Eignung eines vorausgesetzten Modells lässt sich ohne Daten nicht prüfen. In Ausnahmefällen kann es auch notwendig sein, zu prüfen, ob ein Würfel gefälscht ist oder die Durchmischung der Kugeln vor der Ziehung der Lottozahlen ausreicht. Dazu braucht man ebenfalls Beobachtungswerte. In seriösen Spielbanken ist es üblich, die Zufälligkeit der Ergebnisse des Roulettes zu prüfen, indem man die Resultate der zurückliegenden Spiele speichert und die entsprechend langen Folgen auf ihre Zufälligkeit hin testet. Beim Roulette gibt es 18 rote und 20 schwarze Fächer, bei jedem Spiel muss die Kugel in eines davon rollen. Für jedes Fach gilt folglich die Wahrscheinlichkeit 1/38. Alle Fächer haben nur dann die gleiche Wahrscheinlichkeit, wenn das Gerät in Ordnung ist. Man prüft mit den registrierten Daten in bestimmten Zeitabständen, ob die relativen Häufigkeiten der Ergebnisse in den verschiedenen Fächern mit der theoretischen Wahrscheinlichkeit

G. Härtler, *Statistisch gesichert und trotzdem falsch?*, Springer-Lehrbuch, DOI 10.1007/978-3-662-43357-7_12, © Springer-Verlag Berlin Heidelberg 2014

1/38 verträglich sind. In vielen anderen praktischen Fällen setzt man die Gültigkeit eines Wahrscheinlichkeitsmodells nur voraus und schätzt anschließend dessen Parameter. Ob das so gewonnene Ergebnis sinnvoll ist oder nicht, hängt, neben der Eignung des Wahrscheinlichkeitsmodells auch entscheidend davon ab, wie die Daten gewonnen werden, welche Zusammensetzung die Stichprobe hat, wie groß die Zahl der Daten ist (also der Stichprobenumfang) und ob die Daten zufällig und voneinander unabhängig sind.

12.2   Am wichtigsten ist das Ziel der Untersuchung

Der erste Schritt ist stets, zu klären, was geschätzt oder geprüft werden soll. Das *Ziel* der Untersuchung muss unbedingt klar sein. Dazu gilt es, eine Reihe von Fragen zu beantworten, wie: Was wissen wir schon? Was müssen wir (noch) erfassen? Hängen die erhobenen Daten von externen Faktoren ab, die nicht Gegenstand der Untersuchung sind, aber das Ergebnis beeinflussen könnten? Wie ist die Grundgesamtheit strukturiert und wie muss demzufolge das Datenmaterial strukturiert werden? Wie sicher sind wir, dass das vorausgesetzte Wahrscheinlichkeitsmodell zutrifft? Wollen wir die unbekannten Parameter des Modells oder andere Größen schätzen (Prozentsätze, Risiken, Mittelwerte, Variabilitäten,. . .)? Wollen wir Hypothesen über die Parameter oder das Modell formulieren und in Frage stellen, d. h. testen? Wie groß darf die Unsicherheit unserer Aussage sein? Wer einfach nur Daten sammelt und nicht weiß, was er damit beginnen soll, wer keine Erklärung über die Herkunft der Daten hat, keine Hypothese oder Vermutung über das zu erwartende Ergebnis formulieren kann, usw., der hat am Ende nur Zahlen gesammelt. Aus diesen wird selten etwas Vernünftiges herauskommen.

12.3   Die Erhebung der Daten

Ist man sich über das Ziel und das geeignete Wahrscheinlichkeitsmodell für die beabsichtigte Untersuchung im Klaren, so muss man festlegen, welche und wie viele Daten zu erheben sind, welche Eigenschaften sie haben (sind es ganze Zahlen, einzelne oder mehrere Messwerte, zusätzliche qualitative Angaben,. . .) und wie sie erhoben werden sollen (Genauigkeit, Kodierung,. . .). Außerdem ist zu überlegen, wovon die Daten sonst noch abhängen könnten und wie man verhindert, dass solche Abhängigkeiten, falls es sie gibt, das Resultat in unerwünschter und systematischer Weise beeinflussen. Es gibt Situationen, in denen sich nur unvollständige Stichproben erfassen lassen, z. B. die Ausfallzeitpunkte technischer Geräte. Die besonders guten Geräte werden die Testperiode überleben und ihre Ausfallzeitpunkte stehen als Daten nicht zur Verfügung. Das lässt sich in der auf die Datensammlung folgende Auswertungsmethode berücksichtigen. Schwieriger ist es bei den sogenannten Ausreißern. Hier weiß man in der Regel nicht, ob es sich um einen

Beobachtungswert handelt, der nur mit einer sehr kleinen Wahrscheinlichkeit zu erwarten ist, oder ob es die Wirkung eines sachfremden Einflusses ist.

Was eigentlich sollten die Wiener Studenten untersuchen? Es sind typische Studien der Marktforschung. Sie suchten mit Hilfe der in ihren Stichproben ermittelten relativen Häufigkeiten nach den Wahrscheinlichkeiten, mit welchen die Kunden einzelne Produkte bevorzugen, ob es nun Sonnenöle oder Kochsendungen sind. Vor der Studie wussten sie noch nichts über das voraussichtliche Ergebnis. Die Vorlieben der Kunden hängen jedoch von mehreren Faktoren ab, ihrem Wohnort, dem Alter, der sozialen Schicht u.ä. Die Studenten haben die Daten ziemlich willkürlich erhoben, indem sie die Leute „auf gut Glück" angesprochen und gefragt haben. Eine solche Stichprobe ist weder zufällig noch repräsentativ, sie führt zu anfechtbaren und keinesfalls allgemein gültigen Ergebnissen. Der Student, der den Markt für Sonnenöle erforschen wollte, konnte an diesem Ort in Wien hauptsächlich Touristen treffen. Sie sind nicht repräsentativ für die Gesamtheit der Käufer von Sonnenölen in Wien. Sie werden sich vermutlich mehr für Sonnenöle interessieren als der normale Wiener. Und je sonnenreicher das Herkunftsland der Touristen ist, umso vertrauter werden ihnen die Marken der Sonnenöle sein und umso mehr werden sie über sie wissen. Es kommt darauf an, *worüber* die Untersuchung Auskunft geben soll. Nur über Personen aus Wien? Für den Markt in Wien? Über die Touristen? Über wen sonst? Für wen soll das Resultat von Interesse sein? Davon hängt es ab, wo und wer befragt werden muss. Ähnliches gilt für die Kochsendungen. Auch hier sind die in der Innenstadt Wiens flanierenden Touristen nicht die typischen Fernsehzuschauer aus Österreich. Deren Interessen können die Fernsehanstalten besser durch die Einschaltquoten messen. Wenn wir in diesen beiden Beispielen die Zusammensetzung der Stichprobe der Grundgesamtheit anpassen wollen und die Ziele der Untersuchung beachten, so müssten wir uns die Grundgesamtheit strukturiert vorstellen (nach Herkunft, Alter, sozialer Schicht usw.) und die Stichprobe dieser Grundgesamtheit entsprechend zusammensetzen, damit sie repräsentativ ist.

Ähnliches galt für unser Beispiel der Körpermessungen für die Konfektionsindustrie. Zuerst wurde festgelegt, wie wir zu einer repräsentativen Stichprobe kommen konnten. Es war zu klären, welche Maße benötigt werden, welche anderen Eigenschaften interessieren und auf welchem Weg man sie erfassen kann. Die Meßmethode musste so sein, dass systematische Fehler vermieden werden. Die Messgenauigkeit musste durch Kalibrierung der Messmittel vergleichbar gemacht werden. Es musste ein Schema gefunden werden, um die Daten in geeigneter Form zu registrieren und zu kodieren. Hätten wir uns nur für ein einziges Merkmal interessiert, beispielsweise für die Körperhöhe von Frauen, hätte wir die Messwerte anders kodiert als im Falle mehrerer Merkmale. Das Ziel der Untersuchung war nämlich, mehr als 50 verschiedene Körpermaße an jeder Person zu erfassen, um die grundlegenden und detaillierten Maße für die Schnittentwicklung, sowie ihre Häufigkeitsverteilung als Basis für das Größensystem zu finden. Für ein einziges Maß, z. B. die Körperhöhe von Frauen, hätte es genügt, eine repräsentative Stichprobe zu planen, d. h. Gruppen nach Alter und regionaler Herkunft zu bilden, die relativen Häufigkeiten dieser Gruppen der Bevölkerung entsprechend festzulegen, in jeder Gruppe eine genügende Anzahl von Frauen rein zufällig auszuwählen, die Körperhöhen zu messen und zu registrieren. Dabei bleiben jedoch viele mögliche Einflussfaktoren unberücksichtigt, z. B. das Kaufverhalten von Personen unterschiedlichen Alters, von Städtern und der Landbevölkerung, usw. Weil die Anzahl der Maße größer als Eins war, musste bei der Datenerfassung auch gewährleistet sein, dass jedes Körpermaß jeder einzelnen Person zugeordnet bleibt und auch zu jedem anderen Körpermaß dieser Person zugeordnet werden kann, um z. B. paarweise die interessierenden Abhängigkeiten zu bestimmen. Es gab für die Datenerfassung einiges zu bedenken.

12.4 Welche zufällige Größe soll untersucht werden?

In vielen Fällen gibt es mehrere Möglichkeiten, um zum Ziel zu kommen. Es ist die jeweils geeignetste Methode der Datenerfassung zu finden. Geiger und Rutherford haben die Rate der α-Teilchen durch Auszählen der Zerfälle in 2608 Zeitabschnitten von 7,5 s Dauer ermittelt (das Ergebnis zeigt Abb. 10.7). Das Ziel ihres Experiments war, die Zerfallsrate zu schätzen. Zerfälle sind zufällige Ereignisse in der Zeit. Sie wussten, dass sie durch einen Prozess mit einer konstanten Zerfallsrate erzeugt werden. Deshalb gilt für die beobachteten Anzahlen in Zeitintervallen gleicher Länge als Wahrscheinlichkeitsmodell die Poisson-Verteilung. Sie hängt von nur einem Parameter ab, der „mittlere Ereigniszahl pro Zeiteinheit". Geiger und Rutherford hätten heute auch die Möglichkeit (damals wohl noch nicht), die Zeitabstände zwischen den Zerfallsereignissen zu messen. In einem zufälligen Prozess, der mit einer konstanten Ereignisrate in der Zeit abläuft, gilt für die zufälligen Zeitabstände zwischen den aufeinanderfolgenden Ereignissen die Exponentialverteilung (Abb. 10.8 und 10.9). Sie hängt ebenfalls nur von diesem einen Parameter ab, der „mittleren Ereigniszahl pro Zeiteinheit". Falls es gleich gute Möglichkeiten der Datenerhebung gibt, wählt man die natürlich Methode, welche die Datenerhebung einfacher macht.

12.5 Ist das Modell fraglich, sollte man die Daten so erheben, als gälte das nächst kompliziertere Modell

Viele Anwendungen der Stochastik von heute betreffen *zufällige Prozesse*. Das einfachste Modell davon ist der *Poisson-Prozess*; es handelt sich um eine Folge von Ereignissen, die selbst keine Ausdehnung in der Zeit haben (sie heißen punktförmig, der Poisson-Prozess gehört zu den Punktprozessen) und die sich zu zufälligen Zeitpunkten mit einer konstanten Rate ereignen. Dieses Modell kann auch für die zufälligen Ausfälle technischer Systeme dienen, wenn sie die Periode der Frühausfälle hinter sich haben und noch nicht in der Phase der Alterungsausfälle angelangt sind. Dann ist die Zeit zwischen den Ausfällen exponentialverteilt und die Anzahl der Ausfälle in gleich langen Zeitintervallen folgt einer

Poisson-Verteilung. Die Daten sind die beobachteten Ausfallzeitpunkte. Sie erlauben die statistische Schätzung der konstanten Ausfallrate für ein oder mehrere Systeme. Man muss dazu nur die Gesamtzahl der Ausfälle und die gesamte Beobachtungszeit aller Systeme in der Stichprobe kennen. Anders ist das während der Frühausfallphase oder nach dem Beginn der Alterung eines Systems. Dann ist das Modell etwas komplizierter. Kurz nach der Inbetriebnahme eines reparierbaren Systems treten häufiger Ausfälle auf (wegen der Kinderkrankheiten), sie werden durch Reparaturen und Systemverbesserungen mit der Zeit seltener. In dieser Periode nimmt die Ausfallrate ab. In der Phase der Alterung nehmen die Systemausfälle durch Verschleiß und Materialalterung wieder zu, also auch die Ausfallrate. Man muss also ein Modell mit einer abnehmenden oder einer zunehmenden Ausfallrate anwenden, d. h. einen nicht-homogenen Poisson-Prozess. Dafür muss man mehr erfassen als nur die Anzahl der Ausfälle und die gesamte Beobachtungszeit. Man braucht zusätzlich die Erfassung der Ausfallzeitpunkte. Viele Systeme werden nicht ununterbrochen betrieben oder nicht zum gleichen Zeitpunkt in Betrieb genommen. Dann genügt es nicht einmal mehr, nur die Ausfallzeitpunkte zu erfassen, sondern die Daten müssen zu jedem beobachteten Ausfall auch das jeweilige Systemalter [3] enthalten. Falls man also nicht weiß, ob der Prozess eine konstante Ausfallrate hat oder wenn man diese Annahme prüfen will, dann genügen Daten in der einfachen Form „Gesamtzahl der Ausfälle" und „gesamte Beobachtungszeit" nicht mehr. Die Daten müssen in der Form erhoben werden, wie es für das allgemeinere Modell notwendig ist. Vor der Erfassung von Daten sollte man sich möglichst immer am Modell für den komplizierteren Fall orientieren.

12.6   Die Daten können nur das aussagen, was das angewendete Modell zulässt

Falsche Modelle führen zu falschen Schlüssen, die Daten werden zwangsläufig fehlinterpretiert. Stellen sich die Ergebnisse als offensichtlich falsch heraus, nimmt man das manchmal zum Anlass, die Anwendung der Stochastik pauschal abzulehnen. Ein Beispiel dafür findet man wieder in der Einleitung zum Buch „Fraktale und Finanzen" von Mandelbrot und Hudson [6]. Der Wirtschaftswissenschaftler Cootner schreibt dort folgendes:„. . . *Wenn er (Mandelbrot) recht hat, sind fast all unsere statistischen Werkzeuge überholt – kleinstes Quadrat, Spektralanalyse, durchführbare Lösungen zur maximalen Wahrscheinlichkeit* (vermutlich meint er die Maximum-Likelihood-Methode[1]) *und unsere ganze etablierte Sample-Theorie, geschlossene Verteilungen. Die bisherige wirtschaftsstatistische Arbeit hat fast ausnahmslos keine Bedeutung mehr.*" Wie kommt er zu dieser Auffassung? Bisher wurden die Kurszuwächse an den Aktienmärkten als zufällige Größen betrachtet und die Kursentwicklung wurde als stochastischer Prozess angesehen, der dem Modell der

---

[1] Anmerkung der Autorin.

Abb. 12.1 Verteilungsdichte
der Cauchy Verteilung und der
Normalverteilung

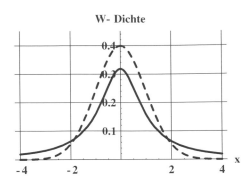

Brownschen Bewegung[2] folgt. Dieses Modell impliziert, dass die Kurszuwächse einer Normalverteilung folgen. Die Anwendung dieses Modells in der Finanzwelt (der Ökonometrie) geht auf die Dissertation von Louis Bachelier im Jahre 1900 zurück; es wird also schon sehr lange angewendet. Die statistische Auswertung der realen Kurszuwächse in letzter Zeit hat aber gezeigt, dass dieses Modell zu einfach ist und dass die Kurszuwächse keiner Normalverteilung folgen. Die Wahrscheinlichkeiten großer Abweichungen vom Erwartungswert sind in diesem Modell zu gering und werden in den beobachteten realen Kursverläufen zu häufig überschritten. Es gibt natürlich auch Wahrscheinlichkeitsverteilungen, die hier besser geeignet sein könnten, z. B. die Cauchy Verteilung (Cauchy war ein französischer Mathematiker, er lebte von 1789 bis 1857). Abbildung 12.1 zeigt den Vergleich einer Cauchy Verteilungsdichte (glatte Linie) mit der einer Normalverteilung (gestrichelt). Leider hat die Cauchy Verteilung einige unangenehme Eigenschaften (z. B. existiert ihr Erwartungswert nicht), so dass ihre Anwendung schwierig ist und vieles noch untersucht werden müsste. Es gibt jedoch auch andere Modelle, die häufiger eine größere Abweichung vom Erwartungswert zulassen.

Das übliche Modell, die Normalverteilung, ist hier also ungeeignet. Mandelbrot vermochte mit seiner Theorie der Fraktale, welche die Eigenschaft einer Skaleninvarianz [5] besitzen, zufällige Prozesse zu simulieren, die vielen realen Zufallsprozessen ähneln, auch den Kurszuwächsen. Er verglich seine Simulationsergebnisse mit der Häufigkeitsverteilung der Logarithmen realer beobachteter Kurszuwächse in unterschiedlichen Zeitintervallen und fand, dass die Ergebnisse seiner Simulation die realen Daten besser beschreiben können als die übliche Methode. Die entstandenen Verteilungen haben eine größere Streuung als die Normalverteilung und die Streuung wächst proportional mit der Länge der Zeitabschnitte. Die Existenz solcher Verteilungen ist seit langem bekannt. Sie werden z. B. auch beim 1/f-Rauschen beobachtet (dort geht es um Frequenzspektren). Über die Entstehung dieses Rauschens rätselt man noch. Ich selbst hatte mit diesem Problem zu tun und habe

---

[2] Die „Brownsche Bewegung" ist ein Modell für die Beschreibung der chaotischen Bewegungen von kleinen Teilchen in einer Flüssigkeit, verursacht durch die auftreffenden Flüssigkeitsmoleküle. Das Modell wurde 1905 von Albert Einstein benutzt und dadurch sehr bekannt. Es stammt aber wohl eigentlich vom schottischen Botaniker Robert Brown (1773–1858).

möglicherweise eine Ursache gefunden [1, 2]. Solche Spektren könnten auf die fehlende Stetigkeit der Kurven zurückzuführen sein. Wenn in festen Zeitintervallen der registrierte zufällige Zuwachs eigentlich die Summe einer zufälligen Anzahl von zufälligen Zuwächsen ist, haben die Prozesse eine zufällige Varianz. Das könnte auch für die Kurszuwächse gelten. Man braucht also ein anderes Modell und muss nicht, wie Cootner schreibt, die gesamte Stochastik abschaffen und sie durch etwas Neues ersetzen.

12.7 Grundgesamtheit und Stichprobe

Beobachtungs- und Messwerte stehen immer nur beschränkt zur Verfügung. Das Wahrscheinlichkeitsmodell ist nur ein mathematischer Ausdruck, der sich auch nur näherungsweise quantifizieren lässt, weil wir statt der Wahrscheinlichkeiten grundsätzlich nur die relativen Häufigkeiten beobachten können. Die erhobenen Daten nennt man traditionsgemäß *Stichprobe,* sie besteht aus einer begrenzten Zahl von Beobachtungswerten. Man stellt sich deshalb vor, dass das Wahrscheinlichkeitsmodell eine *Grundgesamtheit* beschreibt, aus der die Daten der Stichprobe *zufällig ausgewählt* worden sind. Es gibt zufällige Experimente, in denen die Daten automatisch auf eine zufällige Weise anfallen, etwa während der Beobachtung eines Poissonschen Prozesses. Meistens jedoch muss der Experimentator die Zufälligkeit der Stichprobe herstellen. Ein unbedarfter Mensch glaubt gern, es wäre einfach, eine zufällige Auswahl von Stichprobenelementen zu erreichen. Man müsste z. B. Personen, die in die Stichprobe kommen, nur „auf gut Glück" auswählen. Das stimmt leider keineswegs. Auch Kahnemann [4] weist auf einige typische Fallen in diesem Zusammenhang hin und zeigt, wie schwierig die Herstellung einer Zufallsauswahl auch bei endlichen Grundgesamtheiten ist. Sogar dann, wenn wir die Elemente einer endlichen Grundgesamtheit einfach durchnumerieren würden und die Stichprobenelemente nach derjenigen Ordnungszahl, die uns beiläufig einfällt, auswählen, würden wir unbewusst immer gewisse Zahlen bevorzugen. Wir haben vielleicht eine Vorliebe für gerade Zahlen, kleine Zahlen, „sympathische" Zahlen (3, 7, 13,...), usw. Deshalb sollte man die Auswahl lieber den Zufallszahlen aus dem Computer überlassen. Es gibt entsprechende Programme[3]. In telefonischen Umfragen, die heute sehr häufig sind, wählt man die Befragten meistens mit Hilfe von Zufallszahlen aus dem Telefonverzeichnis aus. Die Grundregel der Stichprobenerhebung lautet: Jedes Element der Grundgesamtheit muss die gleiche Chance haben, in die Stichprobe zu kommen.

---

[3] In der Regel sind es keine echten Zufallszahlen. Sie werden durch einen Algorithmus erzeugt und sind deterministisch. Sie heißen Pseudozufallszahlen. Der spezielle Algorithmus sorgt dafür, dass sie näherungsweise regellos sind, d. h. annähernd gleichmäßig verteilt.

12.8   Strukturierte Gesamtheiten

Häufig enthält die Grundgesamtheit Teilgesamtheiten, die von erfassbaren und nicht erfassbaren externen Faktoren abhängen. Durch sie könnte die gewünschte Aussage auch
beeinflusst werden. Angenommen, jemand möchte den Unterschied der Lesefähigkeit von
Schülern eines bestimmten Alters mit bildungsnaher und bildungsferner Herkunft feststellen. Er würde vermutlich zwei Gruppen von Schülern bilden, je eine aus bildungsnahen
und bildungsfernen Familien stammend. In jeder Gruppe gäbe es eine bestimmte Anzahl
von Schülern, möglichst die gleiche. Würde er die Untersuchung auf Schüler aus nur einer
Schule beschränken und nur deren Lesefähigkeit bewerten, so würde das Ergebnis auch
nur für diese Schule gelten. Denn wir können annehmen, dass die Qualität des Unterrichts
den gesuchten Unterschied beeinflusst. Unser Experimentator sollte also lieber mehrere
Schulen auswählen und in jeder zwei Gruppen von Schülern bewerten. Er könnte nun
die Unterschiede zwischen den Schulen „statistisch messen" und den Schuleinfluss in der
abschließenden Analyse „herausrechnen". Auch dafür gibt es Methoden. So ließe sich der
Einfluss dieses erfassbaren Faktors unterdrücken. Falls sich die zusätzlichen Einflussfaktoren, hier die verschiedenen Schulen, nicht analysieren lassen, lässt sich ihr Einfluss auf
das Resultat natürlich nicht herausrechnen. Das ist in vielen Versuchen der Landwirtschaft der Fall. Angenommen, der Effekt unterschiedlicher Behandlungen auf den Ertrag
bestimmter Gemüsesorten soll festgestellt werden. Es steht nur eine große Versuchsfläche
zur Verfügung, die in Beete unterteilt wird. Man muss mehrere Beete mit der gleichen Sorte
bepflanzen, um die zufälligen Schwankungen des Ertrages innerhalb einer Sorte zu ermitteln. Normalerweise wird man Gruppen von Beeten unterschiedlich behandeln und den
Einfluss der Behandlung ermitteln. Was aber tun, wenn der Boden des Versuchsfelds stetig
von einer eher sandigen östlichen Ecke in eine lehmige nordwestliche Ecke übergeht? Das
wird den Ertrag ebenfalls beeinflussen. Also muss man sich bemühen, die einzelnen Sorten
den Beeten so zuzuordnen, dass alle Sorten mit gleichem Anteil auf die unterschiedlichen
Bodentypen kommen. Hierfür gibt es ziemlich ausgeklügelte Methoden der *statistischen
Versuchsplanung*. Eine häufige Methode ist die „Randomisierung" [7], sie ermöglicht es,
den unerwünschten Einfluss des Bodens auf das Ergebnis zu unterdrücken. Die Versuchs-
einheiten (Beete mit Sorten und Behandlungen) werden dadurch *zufällig* den einzelnen
Flächen zugeordnet. Es ist nicht immer einfach, die Daten so zu erfassen, dass das Ergebnis nicht durch systematisch wirkende zusätzliche Einflüsse verfälscht wird. Das A und O
jeder statistischen Untersuchung ist eine sehr sorgfältige Planung der Datenerhebung, die
stets dem jeweiligen Ziel angepasst werden muss.

12.9   Es gibt auch subjektive Einflüsse

Eine gefährliche Fehlerquelle ist die Erwartung eines bestimmten Ergebnisses durch den
Experimentator. Der Mensch sieht bekanntlich meistens nur das, was er sehen möchte. In
der medizinischen Forschung werden häufig Medikamente bewertet, indem man Proben

mit und ohne Wirkstoff (Placebos) vergleicht. Damit die Erwartungen der Patienten und Ärzte das Ergebnis nicht beeinflussen, werden sogenannte „Blindversuche" oder „doppelte Blindversuche" durchgeführt. Dabei weiß weder der Patient noch der Arzt, welches Medikament den Wirkstoff enthält und welches nicht. Erst nach der Datenauswertung wird das Geheimnis gelüftet. So bemüht man sich, die Ergebnisse nicht zu verfälschen. Man muss bei jeder Datenerhebung auch an den möglichen subjektiven Einfluss denken.

12.10   Die Genauigkeit

Und wie steht es um die Genauigkeit der Daten? Diese können von sehr unterschiedlicher Natur sein. Im einfachsten Fall sind es ganze Zahlen. Die beiden Wiener Studenten z. B. haben gezählt. Das taten auch Geiger und Rutherford. Ganze Zahlen sind immer genau genug. Falls es sich um Messungen handelt, spielt die Genauigkeit durchaus auch eine Rolle. So auch bei den als Beispiel angeführten Körpermessungen. Werden viele Messungen durchgeführt, so heben sich die zufälligen Messfehler glücklicherweise auf und man braucht die Genauigkeit der Einzelmessung nicht ins Extreme zu treiben. Es muss aber alles getan werden, um systematische Messfehler zu vermeiden. Es wurde mit unterschiedlichen Maßbändern von unterschiedlichen Messkräften gemessen, die Maßbänder wurden „geeicht" und die Messkräfte geschult. Geiger und Rutherford hätten ihr Experiment auch durchführen können, wenn sie die Zeiten zwischen den Ereignissen gemessen hätten. Wegen der geringen Zeitabstände zwischen den Zerfallsereignissen hätten sie dazu eine ziemlich genaue Uhr gebraucht. Heute werden Daten oft per Computer erzeugt, d. h. simuliert. Man braucht dazu Zufallszahlen von entsprechender Qualität. Man unterscheidet zwischen echten Zufallszahlen und Pseudozufallszahlen. Die „echten" sind das Ergebnis physikalischer Prozesse, etwa dem von Geiger und Rutherford beobachteten physikalischen Vorgang. Die Algorithmen zur Erzeugung von Pseudozufallszahlen liefern nur annähernd gleichmäßig verteilte Zufallszahlen. Es sind Zahlen zwischen 0 und 1, die anschließend in die gewünschte Wahrscheinlichkeitsverteilung transformiert werden können. Pseudozufallszahlen können aber von unterschiedlicher Qualität sein. Oft entstehen an den Enden des 0–1-Intervalls zu wenige von ihnen. Anschließend ist eine Transformation dieser Zahlen in das gewünschte Wahrscheinlichkeitsmodell erforderlich. Die gesuchte Wahrscheinlichkeitsverteilung wird dadurch verzerrt und ist nicht mehr genau genug. Pseudozufallszahlen muss man vor ihrer Anwendung auf ihre Eignung prüfen, weil sonst leicht *systematische Fehler* entstehen.

Es gibt noch eine Dateneigenschaft, die bisher nicht beachtet wurde. Es sind die unscharfen Daten (fuzzy data). Die Unschärfe beeinflusst sowohl die statistische Analyse als auch die Aussage. Sie lässt sich in der Auswertung berücksichtigen, z. B. bei der Berechnung von Vertrauensbereichen. Diese werden dadurch etwas breiter. Näheres dazu findet man ist im Buch von R. Viertl und D. Hareter [8].

Wichtige Begriffe

zufälliger Prozess	Zufällige Größen, die im Verlaufe der
stochastischer Prozess	Zeit entstehen.
Poisson-Prozess	Zufälliger Prozess mit punktförmigen zufälligen Ereignissen.
	Bei konstanter Ereignisrate heißt er homogener Poisson-Prozess.
	Bei zeitabhängiger Ereignisrate heißt er nicht-homogener Poisson-Prozess.
Brownsche Bewegung	Zufälliger Prozess (Wiener-Prozess).
	Die zufällige Größe ist kontinuierlich, die Zuwächse in gleich langen Zeitintervallen folgen einer Normalverteilung.
Grundgesamtheit	Gedachte Gesamtheit, auf die das Wahrscheinlichkeitsmodell genau zutrifft.
	In der Regel wird vorausgesetzt, dass sie unendlich viele Elemente enthält.
Stichprobe	Endliche Anzahl von Beobachtungswerten, ihre Elemente sind unabhängig und zufällig.

Literatur

1. Härtler, G.: A statistical reason for the appearance of 1/f spectra from not perfectly continuous processes. Fluct Noise Lett. **4**, L375–384 (2004). (World Scientific Publishing Company)
2. Härtler, G.: 1/f spectra as a consequence of the randomness of variance. In: Sikula, J., Levinstein, M. (eds.) Advanced Experimental Methods for Noise Research in Nanoscale Electronic Devices, S. 27–34. Kluwer, Dordrecht (2004)
3. Härtler, G.: Statistik für Ausfalldaten. LiLoLe-Verlag GmbH, Hagen (2008)
4. Kahnemann, D.: Schnelles Denken, langsames Denken. Siedler, München (2011)
5. Mandelbrod, B.B.: Die fraktale Geometrie der Natur. Birkhäuser, Basel (1991)
6. Mandelbrot, B.B., Hudson, R.L.: Fraktale und Finanzen. Piper, München (2007)
7. Rasch, D., Verdooren, L.R., Gowers, J.I.: Planung und Auswertung von Versuchen und Erhebungen. R. Oldenbourg, München (2007)
8. Viertl, R., Hareter, D.: Beschreibung und Analyse unscharfer Information. Springer, Wien (2006)

Der Schluss vom Wahrscheinlichkeitsmodell auf die Daten

13

Von einem bekannten Wahrscheinlichkeitsmodell kann man auf die zu erwartenden Daten schließen. Das gelingt umso genauer, je größer der Beobachtungsumfang ist. Es lässt sich ein Zufallsstreubereich für die Daten berechnen, der die bekannte Wahrscheinlichkeit umgibt und dessen Breite vom Beobachtungsumfang abhängt.

13.1 Die Perspektive der Wahrscheinlichkeitsrechnung

Ist das Wahrscheinlichkeitsmodell vollständig bekannt, d. h. der Verteilungstyp trifft zu und die Werte aller Parameter stehen fest, dann lässt sich die Wahrscheinlichkeit jedes einzelnen möglichen zufälligen Ereignisses angeben. Das zeigt als Beispiel die Abb. 10.3. Das Wahrscheinlichkeitsmodell ist eine Binomialverteilung mit der Grundwahrscheinlichkeit 0,01 und dem Stichprobenumfang 10. Durch diese Angaben kennen wir die Wahrscheinlichkeiten dafür, dass unser Student in einer Stichprobe von 10 Befragungen auf eine jede der möglichen Anzahlen von Sonnenöl-Ignoranten trifft. Das konnten wir nur deshalb ausrechnen, weil wir bereits *wussten*, dass die Grundwahrscheinlichkeit 0,01 ist, d. h. im Mittel eine Person unter 100. Es ist ein Schluss vom Modell auf die Daten. In der Regel kennt man diese Wahrscheinlichkeiten jedoch nicht. Im Geiger-Rutherford-Experiment war die Situation etwas anders. Abb. 10.7 zeigt die *beobachtete* Anzahl von α-Teilchen in den untersuchten Zeitintervallen. In ihrem Experiment haben Geiger und Rutherford die *mittlere Zerfallsrate* von 3,732 Teilchen pro 7,5 s *gefunden*. Vor dem Experiment kannten sie diese Zahl nicht. Aus physikalischen Gründen wussten sie aber, dass die Zerfallsrate konstant ist und dass deshalb die Poisson-Verteilung für die Anzahl der α- Zerfälle in gleich langen Zeitintervallen gilt. Das Experiment lieferte ihnen nur eine *Punktschätzung*

G. Härtler, *Statistisch gesichert und trotzdem falsch?*, Springer-Lehrbuch,
DOI 10.1007/978-3-662-43357-7_13, © Springer-Verlag Berlin Heidelberg 2014

der gesuchten mittleren Zerfallsrate pro Sekunde. Im nächsten Experiment hätten sie vermutlich einen etwas anderen Wert gefunden. Das ist der Schluss von den Daten auf das Modell. In diesem Falle stand fest, dass das Modell eine Poisson-Verteilung sein muss, denn die Zerfallsrate ist konstant, d. h. von der Zeit unabhängig. In vielen Experimenten ist auch das geeignete Modell völlig unbekannt.

In der praktischen Anwendung interessieren die zu erwartenden Wahrscheinlichkeiten von Daten, deren Wahrscheinlichkeitsmodell vollständig bekannt ist, eher selten. Häufiger hat man es mit dem Entgegengesetzten zu tun, nämlich mit der Frage, wie man von beobachteten Daten auf das Modell und dessen Parameter schließen kann. Wir wissen, dass unsere Möglichkeiten dazu ziemlich beschränkt sind, denn wir müssen Annahmen über das Modell treffen und eine große Anzahl von Beobachtungswerten, die Realisierungen dieser zufälligen Größe sind, erfassen. Wir können die Eignung eines Modells und die Werte seiner Parameter nur möglichst gut „erraten"; dazu brauchen wir die Stochastik. Vorher müssen wir aber verstehen, wie der Schluss vom Modell auf die Daten funktioniert.

13.2   Ein Würfelversuch

Angenommen, wir würfeln mit einem idealen Würfel. Dann wissen wir, dass die Wahrscheinlichkeit dafür, eine jede der 6 möglichen Zahlen zu würfeln, gleich 1/6 ist. In einer Folge von Würfen erhalten wir unterschiedliche Augenzahlen. Wir können auch die Wahrscheinlichkeiten für die verschiedenen Kombinationen der Augenzahlen berechnen, was im Abschn. 13.7 am Beispiel von zwei berühmten und geschichtlich überlieferten Paradoxa gezeigt wurde. Die relativen Häufigkeiten in den Stichproben weichen mehr oder weniger von den Wahrscheinlichkeiten ab, sie gleichen sich in längeren Folgen aber aus. Erfahrungsgemäß weichen in Folgen mit wenigen Würfen die beobachteten relativen Häufigkeiten von der Wahrscheinlichkeit 1/6 stärker ab als in Folgen mit vielen Würfen. Abbildung 13.1 zeigt die Häufigkeitsverteilungen, die in vier Folgen mit 12 (Abb. 13.1a), 48 (Abb. 13.1b), 192 (Abb. 13.1c) und 384 (Abb. 13.1d) Würfen entstanden sind. Hätten wir nach 384 Würfen die Verteilung erhalten, die nach 12 Würfen entstanden ist, hätte uns das misstrauisch machen sollen und wir hätten uns gefragt, ob mit diesem Versuch möglicherweise etwas nicht stimmt. Warum würfelten wir nicht eine einzige 4 in den 384 Würfen? Und die 3 so oft? In einer Serie von nur 12 Würfen erstaunt uns dieses Ergebnis nicht, wir werden nicht misstrauisch. Unbewusst ist uns nämlich klar, dass hier das „Gesetz der großen Zahl" wirkt. Wir wollen uns mit unserem „Gefühl" jedoch nicht zufrieden geben und möchten genau wissen, wie weit das Resultat, d. h. die relative Häufigkeit in einer bestimmten Anzahl von Würfen von der (in diesem Fall bekannten) Wahrscheinlichkeit abweichen darf, ohne dass wir misstrauisch werden müssen.

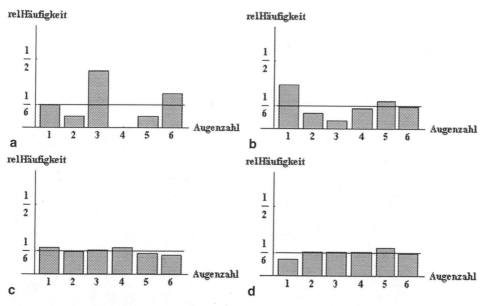

Abb. 13.1 Ergebnisse eines Würfelversuchs

13.3 Der Zufallsstreubereich

Weil wir in diesem Beispiel die Wahrscheinlichkeit für das Würfeln jeder Augenzahl kennen (mit einem idealen Würfel), können wir um diese Wahrscheinlichkeit (es ist 1/6) einen Bereich bilden, in dem die beobachtete relative Häufigkeit in einer bestimmten Anzahl von Würfen mit einer festgelegten Wahrscheinlichkeit zu erwarten ist, etwa mit 0,9 oder, anders ausgedrückt, in 90 % aller Fälle. Das ist ein Bereich, der die Wahrscheinlichkeit 1/6 umgibt. Er heißt *Zufallsstreubereich* und entsteht nach den im Kapitel 8 (Wahrscheinlichkeit zusammengesetzter Ereignisse) angegebenen Regeln, mit welchen sich die Wahrscheinlichkeiten aller möglichen zufällig entstehenden Zahlenkombinationen bestimmen lassen. Der Zufallsstreubereich umschließt die Wahrscheinlichkeit $1/6 = 0,1666\ldots$ und wird mit wachsender Anzahl von Würfen immer enger. In Abb. 13.2 sind diese Bereiche für unsere 4 Würfelbeispiele dargestellt, und zwar so, dass sie 90 % der jeweils zu erwartenden relativen Häufigkeiten enthalten. Hätte man lieber einen Bereich, der einen größeren Anteil umschließt, z. B. 98 % aller relativen Häufigkeiten, so wäre er breiter. Er ist in Abb. 13.3 als graue Verlängerung der schwarzen Senkrechten eingezeichnet. Die 90 % oder 98 % bedeuten, dass die relative Häufigkeit in Serien von Würfen gleicher Anzahl (12, 48, 192 oder 384) mit der Wahrscheinlichkeit 0,9 oder 0,98 innerhalb des jeweiligen Bereiches liegt. Die waagerechte graue Linie ist die für alle Versuche geltende „wahre" Wahrscheinlichkeit, also 1/6. Die Abbildungen zeigen auch, wie sich die Bereiche mit einer wachsenden Anzahl von Würfen verengen. Das geschieht jedoch nicht proportional zur Anzahl der Würfe, was

Abb. 13.2 90 % –
Zufallsstreubereiche

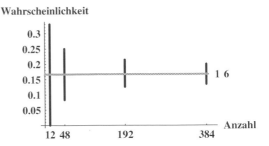

Abb. 13.3 90 % – und 98 % –
Zufallsstreubereiche

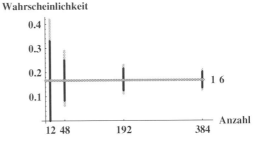

vielleicht manch einer erwartet. Die Breite des Bereichs nimmt anfangs rasch ab und mit größer werdender Anzahl von Würfen immer langsamer. Wollten wir den Bereich bilden, der 100 % aller *möglichen* Ergebnisse enthält, so wäre das der Bereich zwischen 0 und 1, also das *sichere Ereignis*, das *immer* zutrifft. Das aber ist völlig uninteressant, denn es sagt gar nichts aus. Hätten wir lieber eine genauere Prognose, also einen *engeren* Bereich, so wird es gleichzeitig *weniger wahrscheinlich*, dass die relative Häufigkeit innerhalb dieses Bereichs liegt. Ein sehr enger Bereich ist also auch nicht viel wert, denn die Wahrscheinlichkeit, dass er das wahre Ergebnis enthält, ist klein. Zum Bereich der Breite 0 gehört die Wahrscheinlichkeit 0, d. h. die Wahrscheinlichkeit dafür, dass die relative Häufigkeit in ihm liegt, ist Null. Normalerweise bildet man Zufallsstreubereiche zu den Wahrscheinlichkeiten 90, 95 oder 99 %.

Zufallsstreubereiche lassen sich für alle Parameter von Wahrscheinlichkeitsverteilungen bilden. Auch für die Größen, die aus den Daten der Stichprobe berechnet werden, also für *Stichprobenfunktionen*. Allerdings nur dann, wenn die zu Grund gelegte Wahrscheinlichkeitsverteilung vollständig bekannt ist. Im Würfelbeispiel sind das die relativen Häufigkeiten. In anderen Fällen können es Mittelwerte, Streuungen, Korrelationskoeffezienten u.ä. sein. Die Werte, die aus den beobachteten Werten der Stichprobe berechnet werden, heißen *Punktschätzungen*. Die Schätzwerte selbst sind wieder zufällige Größen. Die Voraussetzung für die Berechnung der Zufallsstreubereiche ist in jedem Fall, dass die Wahrscheinlichkeitsverteilung der Stichprobenfunktion vollständig bekannt ist, d. h. dass sie mathematisch hergeleitet werden kann. Im Beispiel ist es die Wahrscheinlichkeitsverteilung der relativen Häufigkeiten. Diese Verteilungen hängen immer vom Beobachtungsumfang ab.

Wichtige Begriffe

Stichprobenfunktion	Mathematische Beziehung, um einen Schätzwert aus den beobachteten Werten zu berechnen, wie die relative Häufigkeit, den Mittelwert.
Punktschätzung	Aus den Daten berechneter Wert einer Stichprobenfunktion (er ist zufällig).
Schätzwert	Aus den Daten berechneter Wert einer Stichprobenfunktion (er ist zufällig).
Parameterschätzung	Aus den Daten berechneter Wert, Schätzwert des Parameters einer Wahrscheinlichkeitsverteilung.
Zufallsstreubereich	Bereich der Schätzwerte um den wahren Wert, enthält einen bestimmten Anteil der Schätzwerte.

Der Schluss von den Daten auf das Wahrscheinlichkeitsmodell

Das eigentliche Anliegen der Stochastik ist der Schluss von den Daten auf das Wahrscheinlichkeitsmodell. Es gibt dabei verschiedene Aufgaben: Das Schätzen von Parametern, das Testen von Parametern oder das Testen des Modelltyps. Die Wirkungsweise der Parameterschätzung, eines Tests von Parametern und von Anpassungstests wird hier durch Beispiele erklärt. In allen Fällen spielt der Stichprobenumfang eine große Rolle.

14.1 Statistische Auswertungen sind Häufigkeitsanalysen

Die Stochastik liefert quantitatives empirisches Wissen, das auf den beobachteten *Häufigkeiten* der interessierenden Merkmale in einer Stichprobe beruht und das deshalb vom *Zufall* beeinflusst ist. Noch vor etwa 50 Jahren nannte man statistische Untersuchungen meistens *Häufigkeitsanalysen*. Dieser Begriff ist anschaulich, denn das Wesentliche sind die *Häufigkeitsverteilungen* der beobachteten zufälligen Größen. Sie sind so etwas wie eine „Fährte", ein „Fußabdruck" oder der „Schattenwurf" der geltenden Wahrscheinlichkeitsverteilung. Die Resultate statistischer Schlüsse sind nie genau, sie liefern nur Bereiche, in welchen das „wahre" Ergebnis zwar mit einer festgelegten *statistischen Sicherheit* enthalten ist, es aber mit der entsprechenden *Irrtumswahrscheinlichkeit* auch verfehlen kann.

14.2 Die Schätzung von Parametern

Die vielleicht am häufigsten angewendete Methode der Stochastik ist die Parameterschätzung, das ist die Berechnung des Wertes einer geeigneten Stichprobenfunktion aus den beobachteten Daten. Dazu wird die Gültigkeit des Wahrscheinlichkeitsmodells vorausgesetzt

G. Härtler, *Statistisch gesichert und trotzdem falsch?*, Springer-Lehrbuch, DOI 10.1007/978-3-662-43357-7_14, © Springer-Verlag Berlin Heidelberg 2014

Tab. 14.1 Relative Häufigkeiten einer „6" in Abb. 13.1

Anzahl der Würfe	relative Häufigkeit der 6
12	0,25
48	0,1666
192	0,1354
384	0,1588

und es werden die Daten in einer Stichprobe gewissen Umfangs erfasst. Gesucht wird eine *Punktschätzung*, d. h. ein Schätzwert für den oder die unbekannten Parameter des Modells (Wahrscheinlichkeit, Erwartungswert, Varianz, Rate von Ereignissen, ...). Weil die Schätzwerte von den zufälligen Stichprobenergebnissen abhängen, sind sie selbst zufällig. Für sie gilt also auch eine Wahrscheinlichkeitsverteilung. Diese lässt sich aus dem Wahrscheinlichkeitsmodell der beobachteten zufälligen Größe und dem Stichprobenumfang herleiten. Es ist die Wahrscheinlichkeitsverteilung der Schätzwerte. In dieser lässt sich ein Bereich abgrenzen, der den jeweiligen Schätzwert umgibt und in dem sich der wahre Wert des Parameters mit einer gewissen *statistischen Sicherheit* befinden muss. Der Bereich heißt *Vertrauens-* oder *Konfidenzbereich*. Die *statistische Sicherheit* ist die Wahrscheinlichkeit dafür, dass dieser Bereich den wahren Wert enthält. Sie heißt auch *Vertrauens-* oder *Konfidenzniveau*. Es ist ein Wert zwischen 0 und 1, der die Wahrscheinlichkeit dafür angibt, dass der gesuchte Parameter im Vertrauensbereich liegt. Die statistische Sicherheit wird meistens in Prozent angegeben, d. h. z. B. als 90 %, was der Wahrscheinlichkeit von 0,9 entspricht. Die Differenz zwischen 1 und der gewählten statistischen Sicherheit heißt *Irrtumswahrscheinlichkeit*, es ist die Wahrscheinlichkeit dafür, dass der wahre Parameterwert *nicht im* Vertrauensbereich liegt.

14.3   Unser Würfelversuch

Im Beispiel des vorigen Kapitels kannten wir die Wahrscheinlichkeit dafür, eine 6 zu würfeln. Wir tun jetzt so, als wäre uns diese Wahrscheinlichkeit nicht bekannt. Ein guter Schätzwert für die Wahrscheinlichkeit ist die relative Häufigkeit[1] in der Beobachtungsreihe. Das gilt auch in unserem Fall, in dem es um die Wahrscheinlichkeit geht, eine 6 zu würfeln. Die vier Würfelversuche, deren Resultate in der Abb. 13.1 gezeigt wurden, ergaben die relativen Häufigkeiten in Tab. 14.1.

Die Werte in der Tabelle sind die Schätzwerte für die Wahrscheinlichkeit 1/6, die unser Versuch ergab. Sie folgen einer Beta-Verteilung; das ist die Verteilung einer kontinuierlichen Zufallsgröße, die zwischen 0 und 1 variiert und deren Parameter vom

---

[1] Es ist die Maximum-Likelihood-Schätzung.

Abb. 14.1 90 % – Vertrauensbereiche für das Würfeln
einer 6 für die Versuch-
sergebnisse aus Abb. 13.1

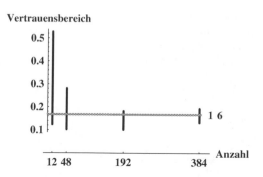

Stichprobenumfang und von der Häufigkeit abhängen[2]. Wie genau sind unsere Schätzwerte für die (in diesem Fall bekannte) Wahrscheinlichkeit? Dazu bilden wir um sie einen
Vertrauensbereich, der den „wahren Wert", also unsere Wahrscheinlichkeit, mit einer
bestimmten *statistischen Sicherheit* enthält. Wir wählen den Vertrauensbereich so, dass
er den wahren Wert mit der statistischen Sicherheit von 90 % enthält. Die *Irrtumswahrscheinlichkeit* ist also 0,1 (in 10 % aller Fälle liegt die Wahrscheinlichkeit außerhalb des
Vertrauensbereiches). In unserem Beispiel wählen wir eine obere und untere Grenze mit
gleichen Irrtumswahrscheinlichkeiten, d. h. je 0,05 oder 5 %. Aus unseren Versuchen
ergeben die sich die Bereiche, die in der Abb. 14.1 dargestellt sind.

Beim Vergleich von Abb. 14.1 mit den Abb. 13.2 und 13.3 sehen wir, dass die Breite der
Vertrauensbereiche ungefähr jener der Zufallsstreubereiche entspricht, dass die Bereiche
aber eine *zufällige Lage* bezüglich der Achse haben, die zur Wahrscheinlichkeit 1/6 gehört.
Während die Zufallsstreubereiche (Abb. 13.2 oder 13.3) stets den wahren Wert umgeben,
ist das beim Vertrauensbereich nicht der Fall. Das kann auch nicht so sein. Denn die
Daten kommen *zufällig* zu Stande, deshalb sind die *relativen Häufigkeiten* auch *zufällig*.
Abbildung 14.1 ist typisch für das Ergebnis einer statistischen Schätzung: Kein Schätzwert stimmt mit der wahren Wahrscheinlichkeit genau überein, aber alle liegen in ihrer
Nähe. Die Vertrauensbereiche enthalten die wahre (hier unbekannte) Wahrscheinlichkeit
mit einer statistischen Sicherheit von 90 %. Weil in unserem Beispiel die wahren Werte
bekannt sind, sehen wir, dass sie alle innerhalb des jeweiligen Vertrauensbereichs liegen.
Zur Berechnung der Vertrauensbereiche braucht man natürlich die entsprechende mathematische Methode. Diese herzuleiten ist hier unser Anliegen nicht. Eine Erhöhung der
statistischen Sicherheit verbreitert die Vertrauensbereiche, ähnlich wie es Abb. 13.3 für die
Zufallsstreubereiche zeigt. Die meisten der üblichen Schätzmethoden der mathematischen
Statistik liefern „beste" Schätzungen; d. h. sie sind für die Stichprobe am plausibelsten und
haben einen bei gegebener statistischer Sicherheit engst möglichen Vertrauensbereich. Sie
nutzen die in der Stichprobe enthaltene Information maximal aus.

---

[2] Diese Vertrauensbereiche sind durch Quantile der Beta-Verteilung begrenzt.

Abb. 14.2 Schätzwerte der Frauenanteile mit 90 %-Vetrauensbereich in den verschiedenen Situationen

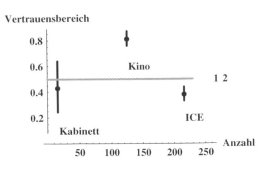

14.4   Ein weiteres Beispiel

Betrachten wir nun ein einfaches, nicht ganz ernst gemeintes Beispiel. Angeregt durch die aktuelle Forderung nach einer Frauenquote in der Wirtschaft veröffentlichte das Magazin der Wochenzeitung „Die Zeit"[3] beobachtete Frauenanteile in einigen alltäglichen Situationen. Wir nehmen 3 dieser Beispiele, berechnen den Schätzwert „relative Häufigkeit" und dazu die Vertrauensbereiche zur statistischen Sicherheit von 90 %. Dann fragen wie uns, ob die Annahme, dass 50 % der Teilnehmer Frauen sind, von den Daten unterstützt wird oder nicht.

Das erste Beispiel ist eine Kabinettssitzung der Regierung in Nordrhein-Westfalen. Von den 16 Anwesenden waren 6 Frauen.

Das zweite Beispiel bezieht sich auf eine Abendvorstellung des Films „Kokowääh" in Frankfurt am Main. Unter den 125 Kinobesuchern waren 101 Frauen.

Das dritte Beispiel stammt aus dem ICE 892 von Berlin nach Hamburg. Unter den 216 Reisenden im Zug waren 82 Frauen.

Abbildung 14.2 zeigt die Vertrauensbereiche zur statistischen Sicherheit von 90 %. Sie sind, wie in Abb. 14.1, als senkrechte Linien gezeichnet, jeweils an der Stelle, die der Anzahl der Beobachtungswerte entspricht. Die relativen Häufigkeiten sind als dicke Punkte dargestellt. Wir sehen, dass die Vertrauensintervalle erwartungsgemäß mit größerem Beobachtungsumfang enger werden. Die Frage des Zeit-Magazins war, ob die Wahrscheinlichkeit für die Anwesenheit von Männern und Frauen gleich ist. Die Hypothese „Gleichheit" ist durch die graue waagerechte Linie in Höhe der Wahrscheinlichkeit ½ eingezeichnet. Der geringe Frauenanteil in der Kabinettssitzung ist statistisch nicht gesichert, denn der Vertrauensbereich enthält die 50 % Linie (es war eine sehr kleine Stichprobe, nur 16 Personen). Der Frauenüberschuss im Kino und der Frauenmangel im ICE dagegen sind jeweils mit der Irrtumswahrscheinlichkeit 0,1 statistisch gesichert, denn die 50 %-Linie wird von diesen beiden Vertrauensbereichen nicht überdeckt.

---

[3] Die Angaben stammen aus: Die Zeit No. 9, 24. Februar 2011, Beilage Zeitmagazin Seite 30–31.

Abb. 14.3 90 %-Annahmebereiche für die Nullhypothese „der Frauenanteil ist ½" im Vergleich mit der beobachteten relativen Häufigkeit (Punkte), die graue Diagonale zeigt die Nullhypothese

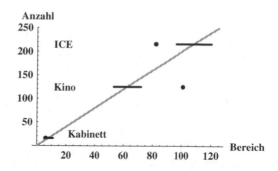

Die Theorie der statistischen Schätzung wurde hauptsächlich in der ersten Hälfte des 20. Jahrhunderts entwickelt. Die wesentlichen Grundlagen dafür waren Arbeiten von R.A.Fisher [1], der u. a. das Maximum-Likelihood-Prinzip formulierte. Es ist heute die am häufigsten verwendete Grundlage für die Methoden der Parameterschätzung. Es gibt aber noch viele andere Methoden, um Schätzwerte zu konstruieren, etwa mit Hilfe von grafischen Darstellungen, den Momenten der Häufigkeitsverteilungen (Mittelwert, Streuung, Schiefe,...), usw.

14.5 Statistische Tests

Nicht in jedem Falle will man den Schätzwert eines Parameters finden. Es kann auch sein, dass man nur prüfen bzw. *testen* möchte, ob ein hypothetischer oder vorgegebener Wert durch das Datenmaterial gestützt wird oder nicht. Wir könnten an unserem Würfel zweifeln und den Verdacht hegen, er sei manipuliert. Unsere Hypothese ist: Die Wahrscheinlichkeit dafür, eine 6 zu würfeln, ist 1/6. Und unsere Frage lautet: Wird diese Hypothese durch das Datenmaterial, also durch die Ergebnisse unserer Würfelversuche, gestützt oder nicht? J. Neyman und E.S. Pearson schufen einige Jahre nach R.A. Fisher die Grundlagen der Testtheorie [2, 3]. Das sind Methoden, um Hypothesen über die Parameter von Modellen oder über den Modelltyp (dann heißen sie *Anpassungstests*) zu prüfen. Tests funktionieren folgendermaßen: Man formuliert eine *Hypothese* (die *Nullhypothese*) die sich auf die Parameter oder auf den Modelltyp bezieht und die man als „richtig" annehmen will, falls sie durch die Daten gestützt wird. In unserem Beispiel über den Frauenanteil (Abb. 14.2) hieße sie in allen drei Fällen: Der Frauenanteil ist 50 %. Ob sie durch das Datenmaterial gestützt ist, lässt sich prüfen, indem man um den erwarteten hypothetischen Wert „die Wahrscheinlichkeit ist ½" den Zufallsstreubereich bildet, der nun als Annahmebereich für die Nullhypothese dient. In diesem Zusammenhang nennt man ihn den *kritischen Bereich*. Mit diesem wird die beobachtete relative Häufigkeit verglichen. Liegt sie im Inneren des Bereichs, nimmt man die Nullhypothese mit der gewählten statistischen Sicherheit als richtig an, andernfalls wird sie abgelehnt. Solche Tests heißen auch *Signifikanztests*, wobei die zum *kritischen Bereich* gehörende Wahrscheinlichkeit als *Signifikanzniveau* bezeichnet wird. Statt Abb. 14.2 erhalten wir Abb. 14.3, in ihr sind die

Tab. 14.2 Der Test als Entscheidungssituation

	H_0 wird angenommen	H_A wird angenommen
H_0 ist richtig	richtige Entscheidung Wahrscheinlichkeit $(1 - \alpha)$	falsche Entscheidung *Fehler erster Art α*
H_A ist richtig	falsche Entscheidung *Fehler zweiter Art β*	richtige Entscheidung Wahrscheinlichkeit $(1 - \beta)$

Annahmebereiche für alle Beispiele als waagerechte Linien und die beobachteten Anzahlen als Punkte dargestellt.

Die Nullhypothese kann nur im Falle der Kabinettssitzung angenommen werden, denn es waren 6 Frauen anwesend und der Annahmebereich besteht aus allen Zahlen von 5 bis 11. Im Kino-Beispiel wird die Nullhypothese abgelehnt, denn der Annahmebereich umfasst 53 bis 72 Frauen, es waren jedoch 101 Frauen unter den 125 Kinogängern. Im ICE muss die Nullhypothese ebenfalls abgelehnt werden, denn die Grenzen des Annahmebereichs bei 216 Personen sind 96 bis 120 Frauen, die beobachtete Anzahl ist kleiner, nämlich 82. Die Wahrscheinlichkeit dafür, die Nullhypothese fälschlicherweise anzunehmen, d. h. sie anzunehmen, obwohl sie nicht zutrifft, ist in allen drei Fällen 0,1. Die Ergebnisse unseres Tests stimmen erwartungsgemäß mit denen unserer Bereichsschätzung (Abb. 14.2) überein. Anwender von Signifikanztests verstehen die Aussage des Tests häufig falsch, indem sie das Signifikanzniveau (die statistische Sicherheit) nicht nur genau auf die Nullhypothese beziehen, sondern glauben, bei positiven Testergebnis wären alle Alternativen mit der entsprechenden statistischen Sicherheit ausgeschlossen. Das ist nicht der Fall, denn dazu muss auch die Alternative formuliert werden.

14.6 Das Entscheidungsproblem

Bei der Anwendung von Tests gibt es eigentlich zwei mögliche Fehlurteile: (1) Die Nullhypothese H_0 wird verworfen, obwohl sie richtig ist, oder (2) die Nullhypothese H_0 wird angenommen, obwohl sie falsch ist (z. B. der Frauenanteil in den Kabinettssitzungen ist im allgemeinen 40 %, aber die Zahl von insgesamt 16 Personen ist zu klein, um das statistisch nachweisen zu können). Meistens wird keine Alternativhypothese H_A formuliert. Man kann sie aber auch formulieren, z. B. H_A: der Frauenanteil ist 40 %. So entsteht eine *Entscheidungssituation,* in der es zwei mögliche Fehlurteile gibt: Die Annahme der Nullhypothese, obwohl die Alternativhypothese zutrifft, oder die Annahme der Alternativhypothese, obwohl die Nullhypothese zutrifft. Die Wahrscheinlichkeiten dieser beiden Fehlurteile heißen Fehler erster Art (α) und Fehler zweiter Art (β). Die Entscheidungssituationen in eines solchen Tests kann man als Tabelle übersichtlich darstellen (Tab. 14.2):

Ein Test ist durch seine Trennschärfe gekennzeichnet. Je kleiner die Differenz zwischen der Nullhypothese und der Alternativhypothese ist (beispielweise H_0: der Frauenanteil ist

Abb. 14.4 Operationscharakteristik für das Kino-Beispiel,
schwarz: Stichprobenumfang
125 und Annahmezahl 72,
grau: doppelte Stichprobe und
Annahmezahl

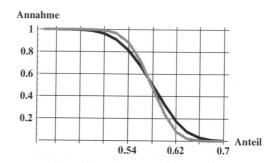

höchstens 50 % und H_A: der Frauenanteil ist größer als 70 %, oder: er ist höchstens 50 %
und größer als 60 %) und je kleiner die beiden möglichen Fehler gewählt werden, umso
größer ist die Trennschärfe des Tests und umso größer muss der Beobachtungsumfang sein.
Annahmetests in dieser Form sind u. a. in der Statistischen Qualitätskontrolle üblich. Die
Trennschärfe eines solchen Tests lässt sich durch eine Kurve, die *Operationscharakteristik*,
darstellen. Solche Tests wurden sogar internationale Standards, indem die entsprechenden
Prüfpläne genormt worden sind. Für das Kino-Beispiel ist die Operationscharakteristik als
Abb. 14.4 dargestellt. Auf der Abszisse ist der mögliche „wahre" Frauenanteil abzulesen und
auf der Ordinate dessen Annahmewahrscheinlichkeit. Es sind zwei Kurven für den Test
der Hypothese: „Der Frauenanteil ist kleiner oder gleich 50 % (oder 0,5)" eingezeichnet.
Die schwarze Kurve zeigt die Annahmewahrscheinlichkeit für 125 Kinobesucher, dort ist
die Annahmezahl für die Nullhypothese 72 Frauen. Die Annahmewahrscheinlichkeit der
Nullhypothese ist hoch (0,96), wenn der „wahre" Frauenanteil 0,5 ist, und klein, wenn
er 0,7 ist. Die graue Kurve zeigt das gleiche für die doppelte Anzahl von Kinobesuchern,
nämlich 250, und die doppelte Annahmezahl 144. Diese Kurve ist nun steiler, d. h. die
Fehler 1. und 2. Art sind durch den größeren Stichprobenumfang kleiner geworden.

14.7 Anpassungstests

Die Festlegung eines Wahrscheinlichkeitsmodells für die beobachteten Daten ist meistens
auch nur eine Hypothese, denn das gewählte Modell wird häufig ziemlich willkürlich
gewählt und kann unzutreffend sein. Auch hierfür gibt es geeignete statistische Prüfmethoden, sie heißen *Anpassungstests*. Wenn wir uns z. B. im Rutherford-Geiger-Experiment
die Übereinstimmung der Häufigkeitsverteilung der Daten mit einer Poisson-Verteilung
mit dem Parameter 3,87 ansehen (Abb. 10.7), so besteht schon nach dem Augenschein eine sehr gute Übereinstimmung zwischen dem Wahrscheinlichkeitsmodell und den Daten.
Für den Schätzwert des Parameters, also die 3,87 α-Teilchen pro Sekunde, lassen sich z. B.
auch die 90 %-Vertrauensgrenzen berechnen: die untere Grenze ist 3,8 α-Teilchen pro Sekunde und die obere Grenze 3,9 α-Teilchen pro Sekunde. Auch die Poisson-Verteilungen

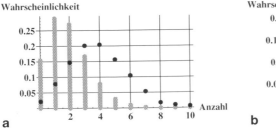

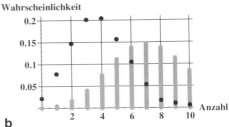

a   b

Abb. 14.5 a Die ermittelten Daten (Punkte) im Rutherford-Geiger-Experiment, Poisson-Verteilung mit halbem Parameter. **b** Die ermittelten Daten (Punkte) im Rutherford-Geiger-Experiment, Poisson-Verteilung mit doppeltem Parameter

Abb. 14.6 Anzahl der Stürme
pro Jahr

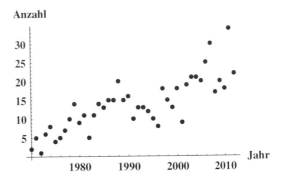

mit den Parametern 3,8 oder 3,9 stimmen mit den Daten noch gut überein. Käme aber jemand durch irgendeine theoretische Überlegung zur Auffassung, dass der Parameter einen deutlich anderen Wert hat, so würde die beobachtete Häufigkeitsverteilung von der „theoretisch vorausgesagten" Poisson-Verteilung stark abweichen. Die beiden folgenden Darstellungen, Abb. 14.5a, b, zeigen das für den halben und doppelten Wert des Parameters.

In diesen Beispielen sieht man es mit bloßem Auge: Das Modell trifft nicht zu. Aber wo ist die Grenze? Darüber geben Anpassungstests Auskunft.

14.8   Noch ein Beispiel

Im Juni 2013 veröffentlichte die Wochenzeitschrift „Die Zeit" unter der Überschrift „Wetter verrückt" die Anzahl von Stürmen in den Jahren 1970 bis 2012[4]. Stellt man sich diese über der Zeit dar, so sieht das nach einem bedrohlichen Anstieg ihrer Anzahl aus, siehe Abb. 14.6. Würden die Stürme jährlich mit der gleichen Wahrscheinlichkeit auftreten, wäre

---

[4] Die Angaben stammen aus: Die Zeit No. 43, 18. Oktober 2012.

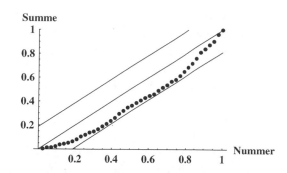

Abb. 14.7 95 %-Annahme-
bereich (einseitig) der
konstanten jährlichen Rate von
Stürmen

das Wahrscheinlichkeitsmodell dafür eine gleichmäßige Verteilung, wie wir sie im Zusammenhang mit dem Würfeln oder dem Münzwurf kennen gelernt haben. Die zufällige Größe ist die relative Häufigkeit der Stürme pro Jahr, die Daten sind die Beobachtungswerte aus den letzten 43 Jahren. Wäre diese Anzahl konstant, so müssten es pro Jahr im Mittel 1/43 aller Stürme sein. Die Nullhypothese lautet: Die Anzahl der Stürme pro Jahr folgt einer Gleichverteilung. Es gibt einen gut bekannten Anpassungstest, den Kolmogorov-Test, der sich auf jede kontinuierliche Wahrscheinlichkeitsverteilung anwenden lässt. Das Testkriterium ist der maximale Abstand zwischen der Summenhäufigkeitsverteilung und der als gültig angenommenen aufsummierten Wahrscheinlichkeitsverteilung. In der Abb. 14.7 ist die aufsummierte Häufigkeitsverteilung als eine Punktfolge dargestellt und die aufsummierte Gleichverteilung als Gerade (wenn die Nullhypothese gilt, muss die aufsummierte Gleichverteilung eine Gerade sein). Nach einer Normierung hat die Gerade den Anstieg 1. Der Annahmebereich des Tests wird durch zwei parallele Geraden begrenzt. Wir wählen einen Annahmebereich, der die Nullhypothese, wenn sie richtig ist, in 95 % aller Fälle annimmt. In der Abbildung sehen wir, dass die Daten die untere Grenze des 95 %-Annahmebereichs nirgends unterschreiten. Demnach müssen wir unsere Nullhypothese: „Die Anzahl der Stürme ist konstant" annehmen.

Der Kolmogorov-Test ist ziemlich allgemein anwendbar und die Nullhypothese hat einen ziemlich „weiten" Annahmebereich. Das Risiko ist also groß, dass wir die Nullhypothese annehmen, obwohl sie falsch ist, d. h. wir würden eine geringe Zunahme der Anzahl der Stürme nicht erkennen. In unserem Beispiel hieße die Alternativhypothese „die Anzahl der Stürme wächst". Das entspricht dem Augenschein, aber das Wachstum ist zu gering, um es mit den vorhandenen Daten und dem Kolmogorov-Test statistisch sicher nachweisen zu können. In diesem Fall könnten wir einen Annahmetest mit größerer Trennschärfe anwenden. Er beruht darauf, dass eine Summe von gleichmäßig verteilten Zufallsgrößen sich bereits mit wenigen Summanden einer Normalverteilung[5] nähert. Dieser Test ist in der technischen Zuverlässigkeit bekannt, dort prüft man damit die Konstanz einer Ausfallrate. Dieser Test führt in unserem Beispiel und mit dem gleichen 95 %-Annahmebereich zur Ablehnung der Nullhypothese. Denn die Testgröße ist nun die Summe der aufsum-

---

[5] diesen Test findet man u.a. in: G. Härtler, Statistik für Ausfalldaten, LiLoLe-Verlag, Hagen, 2007.

mierten Anzahl der Stürme, sie hat den Wert 9997. Der Annahmebereich des Tests ergibt zur statistische Sicherheit 0,9 den unteren Grenzwert 10531 (dieser kann bei Gültigkeit der Nullhypothese nur mit der Wahrscheinlichkeit 0,05 unterschritten werden) und den oberen 14924 (dieser kann bei Gültigkeit der Nullhypothese nur mit der Wahrscheinlichkeit 0,05 überschritten werden). Die Zahl 9997 liegt nicht in diesem Bereich. Demzufolge kann man aus diesem Test folgern, dass die Anzahl der Stürme signifikant wächst. Es ist immer wichtig, aus den vielen existierenden anwendbaren Testmethoden die empfindlichste auszuwählen, das trennschärfste Testverfahren.

Ob wir vom Wahrscheinlichkeitsmodell auf die Daten schließen oder umgekehrt, die Genauigkeit des Resultats hängt vom Umfang des vorhandenen Datenmaterials ab. Deshalb werden wir uns als Nächstes der Frage zuwenden, wie der Stichprobenumfang die Breite von Vertrauens- und Annahmebereichen beeinflusst.

Wichtige Begriffe

Bereichsschätzung	Punktschätzung mit Vertrauensbereich
Vertrauensbereich, Konfidenzbereich	Bereich um die Punktschätzung. Die Breite hängt vom Stichprobenumfang ab.
Statistische Sicherheit, Konfidenzniveau	Wahrscheinlichkeit dafür, dass der Vertrauensbereich den wahren Wert enthält.
Irrtumswahrscheinlichkeit	Wahrscheinlichkeit dafür, dass der Vertrauensbereich den wahren Wert nicht enthält.
Test, Parametertest, Anpassungstest, Signifikanztest	Prüfung einer Hypothese anhand der Daten.
Nullhypothese, Alternativhypothese	Hypothesen, die durch Tests geprüft werden.
Kritischer Bereich	Zufallsstreubereich um einen hypothetischen Wert.
Signifikanzniveau	Wahrscheinlichkeit dafür, die Nullhypothese anzunehmen, wenn sie wahr ist.
Operationscharakteristik	Annahmewahrscheinlichkeit der Nullhypothese als Funktion aller möglichen Werte.

Literatur

1. Fisher, R.A.: On the mathematical foundations of theoretical statistics. Phil. Trans. **A 222**, 309–368 (1921)
2. Neyman, J., Pearson, E.S.: On the problem of the most efficient tests of statistical hypotheses. Phil. Trans. Royal Soc. **A 231**, 289–337 (1933)
3. Neyman, J., Pearson, E.S.: On the use and interpretation of certain test criteria for purposes of statistical inference, I, II. Biometrika. **A 20**, 175–240 und S. 263–294 (1928)

Der Einfluss des Stichprobenumfangs

15

Die Ergebnisse von statistischen Schätzungen oder Tests sind umso genauer, je größer der verwendete Stichprobenumfang ist. Dieser Zusammenhang wird an einigen einfachen Beispielen gezeigt. Es handelt sich um die Schätzung von Wahrscheinlichkeiten, kleinen Wahrscheinlichkeiten, Mittelwerten und linearen Modellen.
Vor dem Experiment empfiehlt es sich immer, den erforderlichen Versuchsumfang abzuschätzen bzw. zu planen.

15.1 Größere Stichproben führen zu engeren Vertrauensbereichen oder kritischen Bereichen für Tests

Die Unsicherheit eines mit Hilfe der Stochastik gewonnenen Resultats drückt sich in der Breite des Vertrauensbereichs einer Schätzung oder des kritischen Bereichs (Annahmebereichs) eines Tests aus. Sie hängt vom Stichprobenumfang ab, denn in allen Fällen wirkt das universelle „Gesetz der großen Zahl". Ist die Anzahl der Beobachtungswerte zu klein, so kann dieser Bereich so breit werden, dass das Resultat nicht brauchbar ist. Das gilt für alle Parameter, die man schätzen oder testen kann, ob es sich nun um Wahrscheinlichkeiten, Mittelwerte, Streuungen, Korrelationskoeffizienten oder irgendeinen anderen Parameter handelt. Man braucht stets möglichst große Stichproben. Dagegen spricht aber, dass es in vielen Fällen schwierig ist, zu Beobachtungswerten zu gelangen, oder dass bereits die Gewinnung eines einzelnen Beobachtungswertes ziemlich teuer ist. Denken wir an die Ermittlung des Ausfallzeitpunkts einer einwandfrei und stabil arbeitenden technischen Komponente. Dazu braucht man eine lang andauernde Beobachtung unter konstanter Belastung und es ist nicht einmal sicher, ob sich während der maximal möglichen Prüfdauer überhaupt ein Ausfall ereignet. Trotzdem muss man die Ausfallwahrscheinlichkeiten

G. Härtler, *Statistisch gesichert und trotzdem falsch?*, Springer-Lehrbuch,
DOI 10.1007/978-3-662-43357-7_15, © Springer-Verlag Berlin Heidelberg 2014

Abb. 15.1 90 %-Zufalls-
streubereiche für die
Wahrscheinlichkeit 0,5

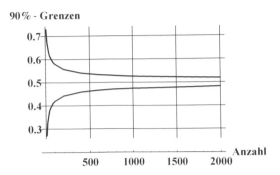

in Abhängigkeit von der Zeit schätzen, um zuverlässige Systeme herstellen zu können, obwohl die erforderlichen Lebensdauertests sehr lange dauern und sehr teuer sind. Die entscheidende Frage ist, wie die Breite der Unsicherheitsbereiche von der Anzahl der Beobachtungen abhängt. Ist das bekannt, so kann man den Stichprobenumfang entsprechend wählen. Die Abhängigkeit der Breite des Unsicherheitsbereichs vom Stichprobenumfang wollen wir uns nun an einigen Beispielen veranschaulichen.

15.2   Abhängigkeit des Zufallsstreubereichs relativer Häufigkeiten vom Stichprobenumfang

Betrachten wir zuerst die Abhängigkeit des Zufallsstreubereichs für die Wahrscheinlichkeit ½ vom Stichprobenumfang, der 90 % aller Schätzwerte, d. h. aller möglichen „relativen Häufigkeiten", einschließt. Sie ist in Abb. 15.1[1] dargestellt. Die Breite dieses Bereichs entspricht etwa der Breite des Vertrauensbereichs für die relative Häufigkeit ½ auf dem Vertrauensniveau von 0,9 (es gibt kleine Abweichungen, weil die Zahl der Beobachtungen eine natürliche Zahl ist, die Wahrscheinlichkeit aber eine zwischen 0 und 1 liegende Größe). Die Grenzen der Zufallsstreubereiche können vom Schätzwert „relative Häufigkeit" mit einer Wahrscheinlichkeit von 0,1 überschritten werden (nach oben und unten je mit der Wahrscheinlichkeit 0.05). Die Abbildung zeigt diese Bereiche für Stichprobenumfänge zwischen 2 und 2000. Man sieht, dass und wie sie sich verengen. Das geschieht nicht proportional zum wachsenden Stichprobenumfang, was manch einer vermuten könnte, sondern sie werden mit wachsender Anzahl anfangs sehr schnell enger, mit größer werdenden Stichproben dann immer langsamer. Ab einer bestimmten Anzahl hat die Vergrößerung der Stichprobe keinen nennenswerten Effekt mehr.

Die Breite der Bereiche hängt auch von der Grundwahrscheinlichkeit selbst ab. Zum Vergleich ist in Abb. 15.2 die Abhängigkeit für die „wahre" Wahrscheinlichkeit 0,1 dargestellt. Es gelten dieselben Überschreitungswahrscheinlichkeiten wie in Abb. 15.1. Die Intervalle für die Grundwahrscheinlichkeit 0,5 sind breiter als für 0,1.

---

[1] Die Bereiche wurden mit der Beta-Verteilung berechnet.

Abb. 15.2 90%-Zufalls-streubereiche für die Wahrscheinlichkeit 0,1

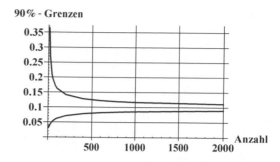

Abb. 15.3 Obere 95%-Vertrauensgrenze in Abhängigkeit vom Stichprobenumfang, das interessierende Merkmal wurde keinmal beobachtet

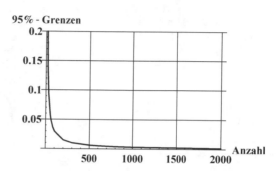

15.3 Schätzung seltener Ereignisse

In der Praxis geht es sehr oft darum, die Wahrscheinlichkeit seltener Ereignisse zu schätzen. Dann kann es vorkommen, dass das untersuchte Merkmal in der Stichprobe kein einziges Mal beobachtet wird. Die obere Vertrauensgrenze für die gesuchte Wahrscheinlichkeit hängt dann allein vom Stichprobenumfang ab. Diese Abhängigkeit zeigt Abb. 15.3. Dort ist die obere Grenze der Vertrauensbereichs zur statistischen Sicherheit von 95 % dargestellt, d. h. die Grenze, die nur mit der Wahrscheinlichkeit 0,05 überschritten wird (die untere Grenze interessiert in diesem Falle nicht, denn sie ist 0). Dieser Fall kommt in Untersuchungen der technischen Zuverlässigkeit vor, wenn in der möglichen Prüfzeit kein Ausfall beobachtet werden konnte, oder in der Arzneimittelforschung, wenn es um die Wahrscheinlichkeit seltener Nebenwirkungen eines Medikamentes geht. Hat man in der Stichprobe diese Nebenwirkung *kein einziges Mal* beobachtet, so bedeutet das natürlich nicht, dass es sie nicht gibt, sondern nur, dass ihre Wahrscheinlichkeit zu klein ist, um sie mit dem in der Versuchsreihe verfügbaren Stichprobenumfang wirklich beobachten zu können.

Diese Grenze schmiegt sich dicht an die Null-Linie an, so dass man ab einem gewissen Stichprobenumfang die dargestellten Werte nicht mehr zu erkennen vermag. Deshalb habe ich die Zahlen doppelt logarithmisch verzerrt und sie in diesem Netz noch einmal dargestellt, siehe Abb. 15.4.

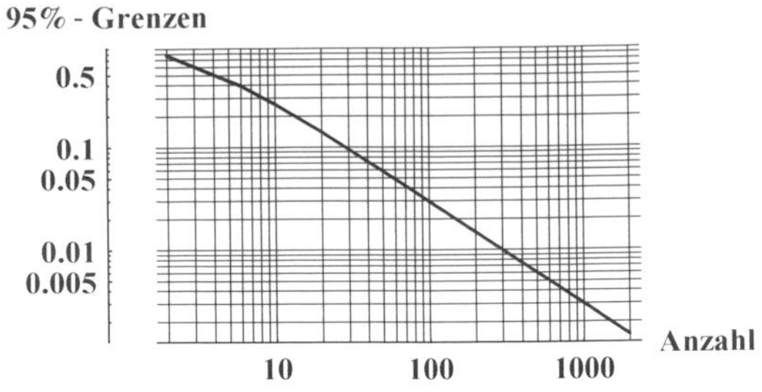

Abb. 15.4 Die obere 95 %-
Vertrauensgrenze in Abb. 15.3
doppelt logarithmisch verzerrt

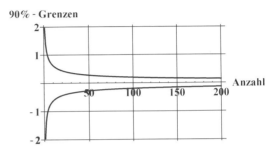

Abb. 15.5 90 %-Vertrauens-
grenzen für den Mittelwert 0,
wenn die Streuung bekannt
und gleich 1 ist

Auf dem Beipackzettel eines Medikaments, das ich neulich kaufte, sind die Risiken für gewisse Nebenwirkungen folgendermaßen abgestuft: Eine Nebenwirkung heißt *häufig*, wenn sie unter 100 Behandelten 1 bis 10 mal (1 bis 10 %) vorkommt, *gelegentlich*, wenn sie unter 1000 Behandelten 1 bis 10 mal vorkommt (0,1 bis 1 %) und *selten*, wenn sie unter 10 000 Behandelten 1 bis 10 mal vorkommt (0,1 bis 0,01 %). Noch kleinere Wahrscheinlichkeiten als 0,01 % gehören in die Kategorie *sehr selten*. Die 95 %-Vertrauensgrenze für *häufige Nebenwirkungen* wäre demnach erreicht, wenn man in einer Stichprobe von 300 Personen keine einzige Nebenwirkung beobachtet, für *gelegentliche Nebenwirkungen* sind es 3000 Personen und für *seltene* 30000.

15.4   Die Abhängigkeit der Vertrauensbereiche von Mittelwerten vom Stichprobenumfang

Die Vertrauensbereiche anderer statistischer Schätzwerte hängen auf ähnliche Weise vom Stichprobenumfang ab, beispielsweise die Mittelwerte von Messreihen. Diese werden ja stets mit der Absicht berechnet, die dazu gehörenden „wahren Werte", also die Erwartungswerte, zu schätzen. Angenommen, wir hätten in einer Versuchsreihe mit gegebenem Stichprobenumfang den Mittelwert 0 gefunden, die Streuung der Messwerte wäre bekannt und gleich 1. Dann ergäben sich die 90 %-Vertrauensgrenzen des Schätzwerts 0 in Abhängigkeit vom Stichprobenumfang, wie in Abb. 15.5 dargestellt[2].

---

[2] Die Bereiche wurden mit der Normalverteilung berechnet.

Abb. 15.6 90 %-Vertrauens-
grenzen für den Mittelwert 0,
wenn die Streuung bekannt
und die Standardabweichung
gleich 1 oder 5 (grau) ist

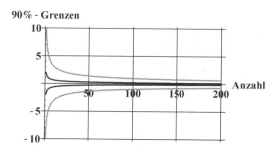

Der Vertrauensbereich des Mittelwertes wird jedoch zusätzlich von der Streuung be-
einflusst. Er ist im Falle einer großen Streuung breiter als für eine kleine Streuung.
Abb. 15.6 zeigt den Vergleich von Abb. 15.5 mit dem Fall, in dem die Standardabweichung
(Quadratwurzel aus der Streuung) bekannt ist und den Wert 5 hat.

Wie groß der Einfluss des Stichprobenumfangs auf die Genauigkeit empirisch ermittel-
ter Größen ist, lässt sich auch für das im Kap. 9 gezeigte Ergebnis des Geiger-Rutherford
Experiments zeigen. Im originalen Experiment wurden die Daten in insgesamt 2608 Zeitabschnitten (Stichprobenumfang) von je 7,5 s Dauer gesammelt. Es ergab sich der Mittelwert
von 3,87 Teilchen pro 7,5 s. Im vorigen Kapitel wurde dazu der Vertrauensbereich berechnet (zweiseitig begrenzt, mit der statistische Sicherheit von 90 %). Es ergaben sich
die Grenzen für die mittlere Zerfallsrate zwischen 3,8 und 3,9 Teilchen pro Zeitintervall
[2]. Hätten Geiger und Rutherford z. B. nur 5 Zeitintervalle ausgezählt, so wäre der Vertrauensbereich zur gleichen statistischen Sicherheit sehr viel breiter geworden. Im Falle des
gleichen Erwartungswertes wären es die Grenzen von 2,49 und 5,34 Teilchen pro Zeitintervall. Auch der Mittelwert wäre vermutlich ein anderer als 3,87. Ein Resultat, das auf nur 5
Zeitintervallen beruht ist in diesem Beispiel für jede weitere Folgerung völlig unbrauchbar.

15.5 Testverfahren haben eine unterschiedliche Wirksamkeit

Es gibt verschiedene Methoden, um Schätzwerte, Testgrößen, Vertrauensbereiche oder
Annahmebereiche zu berechnen. Sie werden auf unterschiedlichen Wegen herleitet und
hängen vom Wahrscheinlichkeitsmodell ab, von der zu schätzenden Charakteristik und
dem Stichprobenumfang (beispielsweise gibt es für große Stichproben asymptotische Verfahren). Es ist nicht immer einfach, die beste Methode auszuwählen, obwohl man das
selbstverständlich immer anstreben sollte. Es ist die Methode, die unter den gegebenen
Bedingungen zum engst möglichen Bereich führt. Im vorigen Kapitel haben wir einen
Test auf die Konstanz der Anzahl der Stürme in den letzten 43 Jahren betrachtet. Die
Nullhypothese lautete, die jährliche Rate von Stürmen sei konstant. Sie wurde mit dem
für alle kontinuierlichen Wahrscheinlichkeitsmodelle geltenden Kolmogorov-Test geprüft
und angenommen. Mit dem spezielleren Test, der die Konstanz einer Ereignisrate in der
Zeit bewertet, wurde sie dagegen abgelehnt. Und das bei gleichem Stichprobenumfang! So
etwas erweckt den Anschein, als funktionierten statistische Tests willkürlich. Das aber ist

Abb. 15.7 90 %-Vertrauens-
grenzen für den Mittelwert 0.
Streuung ist bekannt und
gleich 1 (schwarz), sie ist ein
Schätzwert und gleich 1 (grau).

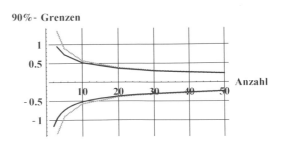

Abb. 15.8 90 %-Vertrauens-
grenzen für den Mittelwert 0,
für die Schätzwerte der
Standardabweichung:
½ (inneres Kurvenpaar), 1
(grau) und 2 (äußere Kurven)

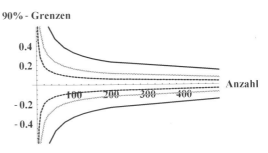

nicht der Fall. Die Ursache ist die unterschiedliche Wirksamkeit der beiden Testverfahren. Man sollte stets die Methode auswählen, die dem Problem am besten entspricht und für dieses am effektivsten ist. In unserem Sturm-Beispiel ist es durchaus möglich, dass die Erfassung und Auswertung der maximalen Windgeschwindigkeiten statt der Anzahl der Stürme zu einem noch deutlicheren Ergebnis führt.

15.6   Je mehr Parameter geschätzt werden, umso größere Stichproben braucht man

Viele Modelle besitzen mehr als einen unbekannten Parameter. Diese sollen gleichzeitig geschätzt oder getestet werden. Dafür kann die Abschätzung des erforderlichen Stichprobenumfangs schwierig werden. Allgemein gilt, dass das simultane Schätzen von mehreren Parametern einen höheren Stichprobenumfang erfordert. In Abb. 15.5 wurde der 90 %-Vertrauensbereich für den Mittelwert dargestellt, wenn die Streuung bekannt und gleich Eins ist. Meistens ist die Streuung aber unbekannt und wird ebenfalls geschätzt. Der Vertrauensbereich wird dann mit der Student-t-Verteilung berechnet, und nicht, wie bei bekannter Streuung, mit der Normalverteilung. Der Unterschied der Vertrauensbereiche ist in Abhängigkeit vom Stichprobenumfang in Abb. 15.7 dargestellt. Für kleine Stichproben ist er durchaus zu beachten.

Auch in diesem Falle spielt der Schätzwert der Standardabweichung (Quadratwurzel aus der Streuung) eine Rolle. In Abb. 15.8 sind als Beispiel die 90 %-Vertrauensgrenzen für den beobachteten Mittelwert 0 und die Schätzwerte der Standardabweichung ½, 1 und 2 dargestellt.

Tab. 15.1 Daten für die Frage: Reduziert die Impfung die Zahl der Erkrankungen?

Stichprobe	Erkrankt	Nicht erkrankt	Stichprobenumfang
Nicht geimpft	10	117	127
Geimpft	3	144	147
Summe	13	261	274

Tab. 15.2 Datenmaterial für die Frage: Reduziert die Impfung die Sterbewahrscheinlichkeit der Erkrankten?

Stichprobe	Gestorben	Überlebt	Summe
Nicht geimpft	6	4	10
Geimpft	0	3	3
Summe	6	7	13

15.7 Kleinere Stichproben am Beispiel zweier Vergleiche von Wahrscheinlichkeiten

Durch die bisherigen Darstellungen in diesem Abschnitt könnte der Eindruck entstanden sein, man brauche zu jeder statistischen Folgerung eine umfangreiche Menge von Daten. Das ist nicht immer so. Es gibt diverse Methoden, die auch für kleinere Stichproben anwendbar sind und die dennoch zu vernünftigen Ergebnissen führen. In einem sehr lesenswerten Buch vom M.J. Moroney [4] (leider älteren Datums) fand ich ein schönes Beispiel dafür: In einem Gefängnis in Mumbay (Bombay) brach im Jahre 1897 die Pest aus. Von 127 ungeimpften Personen erkrankten 10, und 6 davon starben (konnte man damals gegen die Pest impfen?). Von den 147 geimpften Personen erkrankten nur 3 und keine davon starb. Solche Vergleiche wertet der Statistiker mit Häufigkeitstafeln aus (auch Vierfeldertafeln genannt). Eigentlich geht es dabei um den Vergleich von zwei Wahrscheinlichkeiten, nämlich um die Erkrankungswahrscheinlichkeiten (Grundwahrscheinlichkeiten von zwei Binomialverteilungen) bzw. die Sterbewahrscheinlichkeiten (ebenfalls Grundwahrscheinlichkeiten von zwei Binomialverteilungen) der geimpften und nicht geimpften Personen. Die in den Tab. 15.1 und 15.2 zitierten Daten sind die Beobachtungsergebnisse.

Der Test verfolgt den Gedanken, dass die Stichproben der Geimpften und der nicht Geimpften unterschiedliche Erkrankungswahrscheinlichkeiten (Risiken) haben könnten. Die Nullhypothese heißt: Die Erkrankungsrisiken sind gleich. Der Test, den M.J. Moroney [4] beschreibt, ist sehr gut bekannt; es ist der χ^2 − Test[3]. Für die Daten in Tab. 15.1 führt er zur Ablehnung der Nullhypothese, denn der berechnete Wert $\chi^2 = 3,9$ ist größer als die zur Irrtumswahrscheinlichkeit von 0,05 (5 %) gehörende Prüfgröße (der Annahmewert), $\chi^2_{0,95}(1) = 3,8$. Die Daten in Tab. 15.2 hingegen führen zur Annahme der Nullhypothese,

---

[3] Mit Fisher-Yates Korrektur und 1 Freiheitsgrad.

d. h. auf die Sterbewahrscheinlichkeit der Erkrankten hat die Impfung keinen statistisch gesicherten Einfluss.

In der Tab. 15.1 haben wir es mit einem größeren Stichprobenumfang (274) zu tun als in der Tab. 15.2 (nur 13). In Tab. 15.2 hat sich der Stichprobenumfang durch die Anzahl der Erkrankten automatisch ergeben. Führt man den Test[4] trotzdem durch, so wird die Nullhypothese: „Die Impfung hat keinen Einfluss auf die Sterbewahrscheinlichkeit der Erkrankten" mit der Irrtumswahrscheinlichkeit 0,05 angenommen. Das entspricht auch unseren Erwartungen, denn die Impfung soll vor der Erkrankung schützen und ist nicht dafür bekannt, auch den Krankheitsverlauf zu beeinflussen. Trotzdem sollte man sich vor solchen Erklärungen hüten. Der Psychologe Daniel Kahnemann [3], der selbst sehr häufig statistische Techniken angewandt hat, schreibt: „Kausale Erklärungen von Zufalls-sereignissen sind zwangsläufig falsch." Dem kann ich nur zustimmen. In seinem Buch gibt es sogar einen Abschnitt mit der Überschrift „Das Gesetz der kleinen Zahlen", in welchem er vor der Neigung mancher Psychologen warnt, zu kleine Stichproben zu ver-wenden. Sie führten häufig zu unsinnigen Resultaten. Kahnemann tritt dafür ein, sich über den erforderlichen Stichprobenumfang schon vor dem Experiment Gedanken zu machen. Dazu lässt sich der Zusammenhang zwischen der gewünschten Breite des Unsicherheitsbe-reichs und dem Stichprobenumfang nutzen. Solche Möglichkeiten bietet die „Statistische Versuchsplanung".

15.8 Statistische Versuchsplanung

Die *statistische Versuchsplanung* wird meistens angewendet, wenn das zu untersuchen-de Merkmal (die Zielgröße) in Abhängigkeit von einstellbaren Einflussgrößen beobachtet werden soll. In solchen Fällen hat man in der Regel eine Vorstellung vom Modelltyp, der nur noch empirisch quantifiziert werden muss. Das Modell kann eine Geraden, eine Parabel u.ä. sein. Im Kap. 1 über Statistik im Allgemeinen wurde gezeigt, wie sich die Konstante π auch empirisch als Anstieg einer Geraden ermitteln lässt (Abb. 2.3). Dazu wurden mehrere Messungen des Kreisdurchmessers (der Einflussgröße) und des Kreis-umfangs (der Zielgröße) verwendet. Wenn man weiß, dass die Abhängigkeit zwischen den beiden Variablen eine Gerade ist und nur ihr Anstieg unbekannt, so braucht man die Messungen nicht an einer Menge von Kreisen mit vielen unterschiedlichen Durchmessern durchzuführen, sondern es genügen zwei Gruppen von Kreisen mit gleichen Durchmes-sern. Das folgt daraus, dass das Modell eine Geradengleichung ist. Anders als in Abb. 2.3, wo der Kreisumfang an 10 unterschiedlichen Kreisdurchmessern gemessen worden ist, lässt sich der Anstieg einer Geraden durch einige Messungen an nur zwei Stellen, den Versuchspunkten, bestimmen. Je weiter die Versuchspunkte auseinanderliegen, umso genauer lässt sich der Anstieg schätzen und einen umso kleineren Beobachtungsumfang braucht man. Das Prinzip zeigt Abb. 15.9. Der größere Abstand der beiden Messpunkte,

---

[4] Exakter Test nach Fisher und Yates.

Abb. 15.9 Schätzung von π als Anstieg der Geraden (des Modells) durch Messungen an zwei Kreisdurchmessern, grau: Kreisdurchmesser 5 und 15, schwarz: Kreisdurchmesser 1 und 19

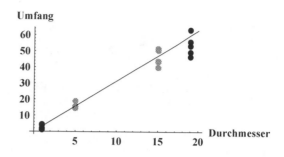

im Beispiel die schwarzen Punkte, ergibt eine genauere Schätzung des Anstiegs. Die in der Abbildung eingezeichnete Gerade hat bekanntlich den Anstieg π. Die verwendeten Daten sind Zufallszahlen, deshalb ergab die Schätzung einen kleineren Wert als π.

Die Regression (die empirisch ermittelte Abhängigkeit) zwischen der Körperhöhe und der Beinlänge von Frauen wurde in Abb. 11.9 dargestellt. Es handelt sich dabei ebenfalls um eine Gerade. Aber dabei sind beide Merkmale zufällige Größen. Die Messwerte ergeben ein Scatterplot (Abb. 11.7). In einer solchen Stichprobenerhebung kann man natürlich nicht nach genügend vielen gleich großen und gleich kleinen Frauen suchen um dann nur diese zu messen. Eine Beeinflussung der Genauigkeit des Ergebnisses durch die Wahl der Messpunkte ist in diesem Falle nicht möglich.

Wie verhält es sich nun für zweidimensionale Modelle (auch solche höherer Dimension) mit einstellbaren Einflussgrößen? Ein Modell, wie das im Abschn. 9.3 als Abb. 9.3 gezeigte, heißt Wirkungsfläche, denn es drückt die „Wirkung" von „Einflussgrößen" (im Beispiel sind es Wasser und Kompost) auf eine „Zielgröße" (im Beispiel den Ertrag) aus. Dabei interessiert man sich nur für ein begrenztes Gebiet der Einflussgrößen (das Interessengebiet). Die quantitativen Eigenschaften von „Wirkungsflächen" können empirisch ermittelt werden. Ist die Struktur des Modells bekannt, man weiß z. B., dass es eine ebene Fläche ist, so braucht man die Wirkung nur an vier Versuchspunkten (den Ecken des Interessengebietes) zu messen. Man kann die Versuchspunkte so wählen, dass man einen möglichst geringen Stichprobenumfang braucht [1]. Ist das Modell jedoch komplizierter, etwa wie in Abb. 9.4, dann braucht man mehrere Messpunkte (im Beispiel sind es 4 in den Ecken und einer in der Mitte). Der erforderliche Stichprobenumfang lässt sich durch eine geschickte Wahl der Versuchspunkte oft erheblich verringern.

Die Ergebnisse statistischer Schätzungen oder Tests sind nie genau. Sie sind stets mit einer Unsicherheit behaftet, die vom Stichprobenumfang abhängt. Rechnet jemand einen Mittelwert aus, der ja nur ein Schätzwert für den Erwartungswert in der Grundgesamtheit ist, und das mit vielen Nachkommastellen, so erweckt er damit den Anschein größter Genauigkeit. Es ist aber nur der Anschein. Denn es handelt sich um einen Schätzwert, der die Realisierung einer zufälligen Größe ist, und den ein Vertrauensbereich umgibt, in dem der „wahre" Wert nur mit einer bestimmten statistischen Sicherheit liegt. Diese Art von Unsicherheit ist mit jedem Ergebnis verbunden, das auf einer statistischen Untersuchung beruht.

Wichtige Begriffe

Wirksamkeit   Bewertung von Schätz- oder Testverfahren.
                   Eines ist wirksamer als ein anderes, wenn mit kleinerem
                   Stichprobenumfang ein vergleichbares Ergebnis erzielt wird.
Versuchsplanung   Festlegung des Stichprobenumfangs und der Versuchspunkte.

Literatur

1. Härtler, G.: Versuchsplanung und statistische Datenanalyse. Akademie, Berlin (1976)
2. Härtler, G.: Statistik für Ausfalldaten. LiLoLe, Hagen (2008)
3. Kahnemann, D.: Schnelles Denken, langsames Denken. Siedler, München (2011)
4. Moroney, M.J.: Facts from Figures. Penguin Books Ltd., Harmondsworth (1951)

Die Anwendungen der Stochastik sind zahlreich und nehmen weiter zu

16

Die Stochastik wird in sehr vielen und sehr unterschiedlichen Wissensbereichen gebraucht. Das ist überall dort der Fall, wo eine zufallsbedingte Unbestimmtheit nicht-zufällige Effekte verdeckt. In den verschiedenen Anwendungsbereichen dominieren unterschiedliche Modelle, Methoden und Begriffe. Manches ordnet man heute der Informatik zu, denn sie bewältigt mit Leichtigkeit große Datenmengen und aufwändige Analysen. In der gegenwärtigen empirischen Forschung geht es auch häufig um allgemein wenig bekannte Methoden, wie die Analyse mehrdimensionaler zufälliger Größen oder die Zeitreihen- bzw. Spektralanalyse.

16.1 Die Anwendungen der Stochastik sind vielgestaltig und manchmal sehr speziell

Die Stochastik stützt sich in allen ihren Anwendungen auf das gleiche Gedankengebäude. Es geht um den Schluss von Daten auf ein Wahrscheinlichkeitsmodell. Weil sie aber in sehr unterschiedlichen Wissensgebieten angewendet wird, sieht man sie auch aus sehr unterschiedlichen Perspektiven. Die verschiedenartigen Anwendungen haben manchmal sogar spezielle Methoden hervorgebracht. Auch die Ausdrucksweise hat sich dem speziellen Anwendungsbereich manchmal so gut angepasst, dass so etwas wie „fachspezifische Dialekte" der allgemeinen Fachsprache entstanden sind. Es ist heute ohne weiteres möglich, dass jemand auf dem Gebiet der statistischen Qualitätskontrolle arbeitet und ein anderer in einer landwirtschaftlichen Versuchsanstalt, dass beide ganz ähnliche Methoden anwenden, sich aber sehr unterschiedlich ausdrücken. Während es in der statistischen Qualitätskontrolle z. B. üblich ist, die Trennschärfe eines Tests durch die *Operationscharakteristik* zu be-

G. Härtler, *Statistisch gesichert und trotzdem falsch?*, Springer-Lehrbuch, DOI 10.1007/978-3-662-43357-7_16, © Springer-Verlag Berlin Heidelberg 2014

schreiben, kommt dieser Ausdruck in einigen Büchern über die Planung und Auswertung von Versuchen in der Landwirtschaft gar nicht vor. Gegenwärtig erscheinen auch häufig allgemeinverständliche Bücher über die Wirkung des Zufalls, die aber die Beziehungen zwischen zufälligen Größen und Daten nur von der Warte der Wahrscheinlichkeitsrechnung aus betrachten, d. h. sie begnügen sich damit, vom Wahrscheinlichkeitsmodell auf die zu erwartenden Daten einer Stichprobe zu schließen. Dabei wird vergessen, dass man für den Schluss von den Daten auf das Modell eine *Stichprobenfunktion* benutzt, deren Wahrscheinlichkeitsverteilung vom *Stichprobenumfang* abhängt. Relative Häufigkeiten, Mittelwerte und Streuungen werden sehr häufig angewendet. Das sind Stichprobenfunktionen. Und es gibt davon noch viel kompliziertere. Gegenwärtig beginnt man damit, die Stochastik als Teildisziplin der Informatik zuzuordnen, weil viele Anwendungen in ihrem Rahmen geschehen. Die riesigen Datenspeicher und die große Verarbeitungsgeschwindigkeit, die heute zur Verfügung stehen, lösen so manche umfangreiche Untersuchung aus, die bisher wegen der Schwierigkeiten, große Datenmengen zu verarbeiten, unterbleiben musste. Auch ist die Software für statistische Auswertungen beinahe jedem zugänglich und meistens sehr leicht anzuwenden, was ebenfalls die gedankliche Zuordnung der Stochastik zur Informatik unterstützt. Z. B. ist ein erheblicher Teil der heute als Bioinformatik bezeichneten Methoden nichts anderes als mathematische Statistik.

16.2   Eigentlich ist dem Menschen das Denken in Häufigkeiten fremd

Die Grundlage für das Aufspüren empirischen Wissens mit Hilfe der Stochastik ist die Analyse der beobachteten Häufigkeiten, welche die verschiedenen Resultate zufälliger Experimente ergaben, d. h. die Häufigkeiten der möglichen Effekte. Unser Denken ist aber vorwiegend intuitiv geprägt und normalerweise am Alltag ausgerichtet. Meistens stellen wir uns nur eine einzelne Situation oder ein einzelnes Ereignis ziemlich detailliert vor und denken kaum an dessen Häufigkeit oder Wahrscheinlichkeit. D. Kahnemann [6] beschreibt in der Einleitung zu seinem Buch ein Experiment. Eine Gruppe von Teilnehmern soll aus einer Personenbeschreibung den Beruf dieser Person erraten. Sie wird folgendermaßen charakterisiert: *... Steve ist sehr scheu und verschlossen, immer hilfsbereit, aber kaum an anderen oder an der Wirklichkeit interessiert. Als sanftmütiger und ordentlicher Mensch hat er ein Bedürfnis nach Ordnung und Struktur und eine Passion für Details...* Die Teilnehmer werden dann gefragt: *Ist Steve eher ein Bibliothekar oder ein Landwirt?* Sie entschieden sich dafür, dass Steve ein Bibliothekar ist. Er ist aber Landwirt. Sie erkannten in der Personenbeschreibung den Stereotyp eines Bibliothekars und dachten überhaupt nicht daran, dass es viel mehr Landwirte gibt als Bibliothekare und dass es deshalb viel wahrscheinlicher sein müsste, einem Landwirt zu begegnen als einem Bibliothekar. So ähnlich denken die meisten Menschen, auch die naturwissenschaftlich gebildeten. Sie denken eher an die Situation selbst, malen sie sich manchmal sogar phantasievoll aus, ignorieren jedoch ihre Häufigkeit. Deshalb fürchten sich viele mehr vor einem selten geschehenden schrecklichen Unfall als vor dem alltäglichen und viel häufigeren Treppensturz. Manchmal gibt es allerdings auch Situationen, in denen der Mensch stets zuerst an Häufigkeiten denkt. Es sind Situationen wie jene, die ihn bewegen, sich frühzeitig nach Kinokarten für einen vielversprechenden neuen Film anzustellen, weil er später eine lange Schlange vor der Kasse befürchtet. Aber das sind wohl nur Ausnahmen.

16.3   Der Zufall wird auf einer Skala der Unbestimmtheit gemessen

Daten, die aus Stichproben stammen, enthalten sowohl den Effekt, um den es im Experiment eigentlich geht, als auch den Zufall. Die Aufgabe der statistischen Auswertung besteht darin, den Effekt vom Zufall auf eine effektive Art und Weise zu trennen, ihn sozusagen herauszufiltern. Dazu wird eine geeignete Stichprobenfunktion benutzt, die mit einer geeigneten Methode (beispielsweise nach dem Maximum-Likelihood-Prinzip) hergeleitet worden ist. Das kann das arithmetische Mittel der konkreten Stichprobe sein. Dieses ist eine Punktschätzung des Erwartungswertes der Wahrscheinlichkeitsverteilung. Die Wahrscheinlichkeitsverteilung der Schätzwerte, die vom Stichprobenumfang abhängt, ist u. a. durch die Varianz gekennzeichnet, die auch vom Stichprobenumfang abhängt. Die Quadratwurzel der Varianz ist ein *Skalenparameter*, in diesem Falle der Verteilung der Schätzwerte. Er hängt natürlich vom Stichprobenumfang ab und ist geeignet, die durch die zufälligen Effekte hervorgerufene Unbestimmtheit auszudrücken. Er eignet sich deshalb dazu, die zufallsbedingte Unbestimmtheit zu messen, die sich in der Breite von Zufallsstreubereichen oder Vertrauensbereichen ausdrückt. Ist die Wahrscheinlichkeitsverteilung der Stichprobenfunktion eine Normalverteilung, was für große Stichproben häufig asymptotisch zutrifft, so enthält der Bereich (Erwartungswert $\pm 2 \times$ Standardabweichung) 96 % der zufallsbedingten Abweichungen. Im Kap. 11 (Normalverteilung) wurden diese Bereiche bereits erwähnt. Welches Vielfache dieser Standardabweichung (in diesem Zusammenhang nennt man sie auch Standardfehler) man wählt, um den Zufallseinfluss auszuschließen, hängt von der Bedeutung der Untersuchung ab. Üblich ist es, das Vertrauensniveau der Wichtigkeit des Resultats anzupassen. Es werden meistens 90 -, 95 oder 99 %-Bereiche verwendet, bzw. die Irrtumswahrscheinlichkeiten 0,1, 0,05 Oder 0,01. Ist eine Untersuchung jedoch von erheblicher Bedeutung, wie beispielsweise der experimentelle Nachweis der Existenz des Higgs-Bosons für die Grundlagenphysik, so wählt man einen Bereich mit einer sehr kleinen Irrtumswahrscheinlichkeit [10]. Für den Nachweis des Higgs-Teilchens wurde der Bereich (Mittelwert $\pm 5 \times$ Standardabweichung) verwendet, zu dem die Irrtumswahrscheinlichkeit von weniger als Eins zu drei Millionen, also $< 3{,}33 \times 10^{-7}$, gehört.

Abb. 16.1 Verteilungsfunktion der Emissionen bei konstanter Rate und mit linear ansteigender Rate (gestrichelt, im Beispiel physikalisch nicht möglich)

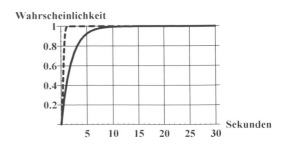

16.4 Es gibt viele Verteilungstypen, entscheidend ist die passende Wahl

Wir haben hier nur einige der allerbekanntesten Wahrscheinlichkeitsverteilungen erwähnt. Es gibt aber eine schier unübersehbare Zahl davon. Sie unterscheiden sich durch ihre Form und die Anzahl der Parameter, und sie sind häufig mit Anwendungen auf einem bestimmten Gebiet verbunden. Als Modelle für kontinuierliche zufällige Größen haben wir hier nur die Normalverteilung und die Exponentialverteilung erwähnt. Es gibt jedoch viele Anwendungen, in denen folgen nicht die zufälligen Größen selbst einer Normalverteilung, sondern ihre Logarithmen. Man kann dann mit den logarithmisch transformierten Daten arbeiten und das Wahrscheinlichkeitsmodell „Normalverteilung" anwenden. Das Modell für die nicht transformierten Daten hingegen ist die „Logarithmische Normalverteilung". Wir haben gesehen, dass die Exponentialverteilung eine Wahrscheinlichkeitsverteilung für die zufälligen Zeitabstände zwischen den Ereignissen ist, wenn diese sich mit einer konstanten Rate in der Zeit ereignen. Die Wahrscheinlichkeitsverteilung der zufälligen Zeitabstände für einen Prozess mit linear wachsender Ereignisrate ist hingegen eine Weibull-Verteilung. Sie hat einen zusätzlichen Parameter, einen Formparameter, der in diesem Falle gleich 2 ist. Angenommen, im Geiger-Rutherford-Experiment wäre die Emissionsrate linear gewachsen (physikalischer Unsinn!) und die mittlere Anzahl von Emissionen im gesamten Zeitraum wäre gleich geblieben, dann würde die in Abb. 16.1 gestrichelt eingezeichnete Weibull-Verteilung gelten. Diese ist anfangs steiler als die ebenfalls eingezeichnete Exponentialverteilung. Würde die Ereignisrate linear abnehmen, dann hätte die Weibull-Verteilung einen Formparameter, der kleiner als 1 ist und sie würde langsamer wachsen.

Die Anwendung ungeeigneter Wahrscheinlichkeitsmodelle kann zu ziemlich absurden Ergebnissen führen. Wer sich nur gelegentlich mit Statistik oder Wahrscheinlichkeitsrechnung befasst und sie nur oberflächlich kennt, ist oft dermaßen auf die Normalverteilung als einem scheinbar universellen Modell fixiert, dass er in jedem Zusammenhang damit beginnt, den Mittelwert und die Streuung auszurechnen, sich eine „Glockenkurve" vorzustellen und zu glauben, dass zwischen den Grenzen „Mittelwert ± Standardabweichung" etwa 68 % aller beobachteten Werte liegen müssten. Doch das ist eben nur richtig,

Abb. 16.2 Bruttonationaleinkommen Daten und Dichte
einer Normalverteilung

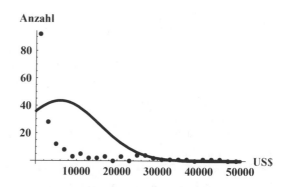

wenn die Normalverteilung passt. Nehmen wir als Beispiel die Verteilung des jährlichen Bruttonationaleinkommens pro Kopf (von 175 Ländern in Jahre 2003) nach [4], das im Kap. 3 über beschreibende Statistik bereits als Histogramm, Abb. 3.4, gezeigt wurde. Würde jemand routinemäßig den Mittelwert (das übliche arithmetische Mittel) und die Standardabweichung (Quadratwurzel aus der Streuung) berechnen, so ergäbe sich ein mittleres Einkommen von 5976 US$ im Jahr und die Standardabweichung wäre 9591,6 US$. Würde er die Größe „Mittelwert – Standardabweichung" ausrechnen, so könnte es ihm auffallen, dass diese Größe negativ ist, was für das Merkmal „Bruttonationaleinkommen" offensichtlich sinnlos ist. Womöglich würde er doch weiter mit Hilfe der Normalverteilung schlussfolgern. In Abb. 16.2 sind die Kurven der Wahrscheinlichkeitsdichte dieser Normalverteilung in das Histogramm aus Abb. 3.4 eingezeichnet. (Statt der Säulen des Histogramms sind hier die relativen Häufigkeiten als Punkte dargestellt). Es zeigt, welch ein Fehler die Anwendung der Modells „Normalverteilung" in diesem Fall wäre! Wer aber nur selten Kurven zeichnet und der Statistik-Software blind vertraut, dem muss dieser Unterschied nicht unbedingt auffallen. So eine Interpretation der Ergebnisse führt in die Irre. Das arithmetische Mittel einer nicht symmetrischen Verteilung wird keineswegs von der Hälfte der Beobachtungswerte unter und überschritten. Nach der Normalverteilung läge das Pro-Kopf-Bruttonationaleinkommen in der Hälfte aller Länder unter 5976 US$ und in der anderen Hälfte darüber. Das Histogramm zeigt uns aber, dass das nicht so ist. Würde man den Median (den mittelsten Wert) verwenden und käme man auf 1910 US$ pro Jahr. Dieser Wert ist viel kleiner als das arithmetische Mittel. Eine Charakterisierung einer derart unsymmetrischen Verteilung durch Vielfache der Standardabweichung ist sinnlos. Man sollte in diesem Falle nur Quantile verwenden, denn sie sind von der Form der Verteilung unabhängig. Leider geschehen immer wieder ähnliche Fehlanwendungen der Statistik.

In verschiedenen Wissensgebieten dominieren unterschiedliche Verteilungstypen. So werden z. B. in einem Buch über die statistische Zuverlässigkeitsanalyse [7] mehr als 20 Verteilungstypen genannt, die dort angewendet werden. Die wichtigsten davon sind (außer der schon genannten Exponentialverteilung und Logarithmischen Normalverteilung) Extremwertverteilungen für kleinste und für größte Werte (die Weibull-Verteilung gehört auch dazu), die Pareto-Verteilung, die Log-Logistische Verteilung und die Gammaverteilung.

16.5   Die Zeitreihen- oder Spektralanalyse gehört eigentlich auch zur Stochastik

Ein ziemlich eigenständiges Gebiet der Stochastik, das in die einschlägigen Lehrbücher nur selten einbezogen wird, ist die statistische Auswertung von *zeitabhängigen* zufälligen Daten. Üblicherweise werden solche Daten zu aufeinanderfolgenden Zeitpunkten in konstantem Zeitabstand erfasst, wie beispielsweise die täglichen Aktienkurse. Zufällige Prozesse, die solche Daten erzeugen, sind entweder *diskret*, oder sie sind im Grunde *kontinuierlich* und werden nur zu diskreten Zeitpunkten gemessen. Die diskreten Prozesse nennt man *Zeitreihen*. Die kontinuierlichen kommen in physikalischen Anwendungen häufig vor und werden als Superpositionen von Schwingungen mit zufälliger Frequenz und Amplitude verstanden, z. B. als ein Rauschen. Diese kontinuierlichen Prozesse haben in der Physik eine sehr große Bedeutung und werden mit Mitteln der *Spektralanalyse* ausgewertet, die in ihrer heutigen Form auf Norbert Wiener [11] zurückgeht. Man ist sich nur selten dessen bewusst, dass die Spektralanalyse eigentlich eine Methode der Stochastik ist und das gemessene Spektrum eigentlich nur eine Schätzung. Die Spektralanalyse ist mit der *Zeitreihenanalyse* [8] eng verbunden. Letztere beschreibt die Daten im Zeitbereich durch eine Stichprobenfunktion, die *Autokorrelationsfunktion*, sie drückt die Korrelationen der Daten in Abhängigkeit von ihrem zeitlichen Abstand aus. Die Spektralanalyse beschreibt diese Daten im Frequenzbereich durch die Stichprobenfunktion *Frequenzspektrum*. Unter bestimmten Annahmen, die in der Praxis immer als gegeben angesehen werden (der Prozess muss stationär sein[1]), lassen sich diese beiden Stichprobenfunktionen ineinander transformieren[2]. Obwohl dieses Gebiet eigentlich zur Stochastik gehört, wird das in den Anwendungen der Spektralanalyse nur selten so wahrgenommen. Auch in Büchern über mathematische Statistik wird dieses spezielle Anwendungsgebiet gern ignoriert. Ein Grund dafür könnte sein, dass solchen Analysen meistens sehr viele Messungen zu Grunde liegen und dass der Zufall nur noch einen geringen Einfluss auf die Autokorrelationsfunktion bzw. auf das Frequenzspektrum hat.

16.6   Die Analyse mehrdimensionaler zufälliger Größen und die Normalverteilung

Die Datenerfassung und -auswertung mehrdimensionaler zufälliger Größen kann ziemlich schwierig werden. Die Auswertung benutzt sehr unterschiedliche Modelle und es gibt viele unterschiedliche Methoden. Ein Beispiel für eine mehrdimensionale Datenanalyse sind die im Kap. 11 genannten Körpermessungen, durch welche pro Person mehr als 50 Maße erfasst wurden. Diese Daten ergeben eine Häufigkeitsverteilung von entsprechend hoher Dimension. Man kann sie sich nicht vorstellen. Weil die Daten es aber zuließen, von der Gültigkeit einer Normalverteilung für alle Maße auszugehen, ließen sich

---

[1] In den ersten beiden Momenten.
[2] Mit Hilfe der Fouriertransformation.

die Abhängigkeiten (Korrelationen) aller Maße von einigen Hauptmaßen durch lineare Regressionsgleichungen beschreiben. Das vereinfachte die Gesamtanalyse erheblich (sie fand noch vor dem Computerzeitalter statt). Für jedes Paar von Maßen mussten lediglich ihre Scatterplots, Abb. 11.5 und 11.7, ausgewertet werden. Aus ihnen ließ sich auf alles Weitere schließen. Es genügte deshalb, nur alle Mittelwerte, Streuungen, und paarweisen *Kovarianzen* als Basis für die Berechnung der Regressions- und Korrelationskoeffizienten zu schätzen. Darin waren alle benötigten Informationen für die Bestimmung eines neuen Größensystems der Konfektion enthalten. Und das nur dank der Möglichkeit, hierbei eine mehrdimensionale Normalverteilung voraussetzen zu können.

In anderen Fällen werden mehrdimensionale Modelle dazu benutzt, die Abhängigkeit einer zufälligen Zielgröße von einer oder mehreren einstellbaren, also nicht zufälligen, Einflussgrößen zu beschreiben, wie im Beispiel über den Einfluss von Wasser und Düngung auf den mittleren Ertrag einer Gemüsesorte, siehe Abb. 9.3 und 9.4. Dafür eignen sich Black-Box-Modelle. Sie sollen so einfach wie möglich sein und zugleich so anpassungsfähig wie nötig. Im unserem ersten Beispiel wurde angenommen, dass der Einfluss der beiden Faktoren Bewässerung und Kompost im interessierenden Bereich durch ein lineares Modell ausgedrückt werden kann. Dann genügt es, die Versuche an 4 Versuchspunkten durchzuführen, die in den Ecken des Einflussgebietes liegen. Manchmal genügt für die Beschreibung des Zusammenhangs ein lineares Modell nicht und man braucht ein einfaches Modell für einen nichtlinearen Zusammenhang. Ein entsprechendes Modell (hier ein Polynom) zeigt Abb. 9.4. In beiden Fällen ist es notwendig, dass die zufällige Größe bei konstanten Werten der Einflussgrößen einer Normalverteilung folgt. Ist das nicht der Fall, so muss man eine geeignete Transformation finden, welche die Wahrscheinlichkeitsverteilung in eine Normalverteilung überführt. Häufig eignet sich dazu die Logarithmische Normalverteilung. Sind kausale Abhängigkeiten der Zielgröße von den Einstellgrößen bekannt, so lassen auch sie sich in das Modell einarbeiten. Es wird dadurch allerdings alles ziemlich kompliziert und die empirische Schlussfolgerung wird unsicherer, weil zu viele Parameter geschätzt werden müssen. Derartige Experimente sind oft teuer. Man muss sich auf den unbedingt notwendigen experimentellen Aufwand beschränken. Dieser hängt erheblich von der Lage der eingestellten Versuchspunkte im Interessengebiet ab. Dafür gibt es die Methoden der statistischen Versuchsplanung, die speziell für Experimente in der Landwirtschaft [9] und in der Industrie [3] gut untersucht und ausgearbeitet worden sind.

Eine traditionelle und sehr leistungsfähige Technik zum Auffinden des Einflusses mehrerer äußerer Faktoren auf eine Zielgröße ist die Varianzanalyse. Sie geht auf R.A.Fisher [5] zurück. Es handelt sich dabei um die Zerlegung der Streuung der Beobachtungswerte in einzelne Komponenten, welche die Gesamtvarianz vergrößern. Sie beantwortet die Frage, ob ein oder mehrere äußere Faktoren einen „statistisch gesicherten" Einfluss auf die Zielgröße haben oder nicht. Im Zusammenhang mit der Varianzanalyse haben sich viele spezielle Methoden entwickelt, insbesondere auch die statistische Versuchsplanung. Sie wird vor allem in landwirtschaftlichen Experimenten angewendet. Sie setzt allerdings auch die Gültigkeit einer Normalverteilung für die Daten voraus.

16.7 Stochastische Methoden fördern auch Neues zu Tage

Die digitale Datenverarbeitung ermöglicht vielfältige Anwendungen der Stochastik, auch die Analyse mehrdimensionaler zufälliger Größen. Eine davon ist die Clusteranalyse. Es geht darum, in einer Verteilung von beobachteten mehrdimensionalen zufälligen Größen Häufungen aufzuspüren, d. h. Unterpopulationen, die sich in einigen ihrer Eigenschaften signifikant voneinander unterscheiden. Die Clusteranalyse brachte erst vor kurzem ein interessantes Ergebnis: Die Untersuchung des Erbgutes der im menschlichen Darm lebenden Bakterien-Populationen zeigte, dass es davon nur drei verschiedene Typen zu geben scheint, und zwar unabhängig von der Herkunft oder dem Wohnort des Mensches, der von diesen Bakterien besiedelt wird [2]. Dieser Anwendung der Clusteranalyse lagen die Beobachtungswerte von 396 Probanden zu Grunde.

16.8 Simulationen und große Datenmengen

Durch die Möglichkeiten der digitalen Informationsverarbeitung hat sich für die Stochastik so manches geändert. Man kann heute sehr leicht sehr große Datenmengen verarbeiten. Wenn es das Experiment erlaubt, sehr viele Beobachtungswerte zu gewinnen, so kann man auf detaillierte Modellannahmen verzichten und direkt von den Daten auf den durch das Experiment gesuchten Effekt schließen (man nennt das explorative Datenanalyse). Die auf großen Stichproben beruhenden Häufigkeitsverteilungen der interessierenden Parameter lassen sich analysieren, ohne dass die zufallsbedingte Unbestimmtheit noch stört. Weil man heute auch sehr leicht große Datenmengen mit bestimmten Eigenschaften per Computer erzeugen kann, lassen sich Häufigkeitsverteilungen mit den gefundenen Eigenschaften auch wiederholt simulieren (mit Hilfe von Zufallszahlen nachbilden). Man erhält auf diesem Wege eine Art von Zufallsstreubereichen, die auf den Eigenschaften der Daten selbst beruhen. Man kann die Daten quasi direkt, fast ohne zusätzliche Annahmen, auswerten (eine solche Methode ist das „Bootstrap").

16.9 Die Bayes'sche Statistik

In den letzten Jahren ist immer häufiger von der Bayes'schen Statistik die Rede. Sie wird angewandt, wenn vor dem Experiment bereits eine Information über die Verteilung der zufälligen Größen vorhanden ist. Die Bayes'sche Statistik beruht auf dem *Satz von Bayes*, einem Theorem über bedingte Wahrscheinlichkeitsverteilungen. Dieser Satz wurde nach dem Tode von Thomas Bayes (einem presbyterianischen Priester, der 1702–1761 lebte) von Richard Price im Nachlass gefunden und veröffentlicht [1]. Im Kap. 7 haben wir im Zusammenhang mit dem Urnenmodell ohne Zurücklegen die bedingte Wahrscheinlichkeit kennen gelernt. Dort ist die bedingte Wahrscheinlichkeitsverteilung entstanden, weil sich nach der vorangegangenen Ziehung die Anzahl der roten und weißen Kugeln in der Urne verändert hatte, damit ihr Verhältnis und die Wahrscheinlichkeit dafür, im nächsten Versuch eine rote Kugel zu ziehen. Es entsteht so eine Verteilung unter der Bedingung, dass die gezogene Kugel rot war, und eine andere unter der Bedingung, dass sie weiß war. In der statistischen Qualitätskontrolle kann z. B. die Verteilung der Ausschussanteile aus zurückliegenden Kontrollen bekannt sein. Da die Qualität von Prüfung zu Prüfung schwankt, entsteht im Laufe der Zeit auch dafür eine Häufigkeitsverteilung. Sie wird als a-priori-Verteilung der Ausschussanteile betrachtet. Wenn in der aktuellen Prüfung ein bestimmter Ausschussanteil beobachtet wird, dann lässt sich daraus, zusammen mit der a-priori-Verteilung und dem Satz von Bayes, eine a-posteriori-Verteilung berechnen, welche eine bessere Schätzung des Ausschussanteils und des dazu gehörenden Unbestimmtheitsbereichs erlaubt. Die Bayes´sche Statistik wird heute in manchen Anwendungsbereichen gerne benutzt. Sie wir aber auch kritisiert, weil ihr, streng genommen, eine gewisse Subjektivität innewohnt. Mit ihr lassen sich Unsicherheitsbereiche z. B. für die Parameter eines Modells berechnen. Zwischen dem Gedankengebäude, auf dem die Bayes-Statistik beruht, und dem der klassischen Stochastik, besteht ein wesentlicher Unterschied: Die Parameter der Modelle in der Bayes´schen Statistik werden nicht als fest und unbekannt angesehen, sondern sie sind selbst zufällig und folgen einer Wahrscheinlichkeitsverteilung.

Wichtige Begriffe

Skalenparameter	Maß für die Ausdehnung einer Wahrscheinlichkeitsverteilung.
Zeitreihenanalyse	In gleichen Zeitabständen werden zufällige Werte erfasst und analysiert. In der Regel wird die Autokorrelationsfunktion berechnet.
Spektralanalyse	Der zufällige Prozess wird als Superposition von periodischen Funktionen angesehen. Es werden die Häufigkeiten (die Leistung) der einzelnen Frequenzen gemessen. In der Regel wird die spektrale Leistungsdichte berechnet.
Kovarianz	Maß für die Abhängigkeit zweier Merkmale, es ist bei Unabhängigkeit Null. Normiert ist es der Korrelationskoeffizient.

Literatur

1. Bayes, T.: Versuch zur Lösung eines Problems der Wahrscheinlichkeitsrechnung. Ostwalds Klassiker der Exakten Wissenschaften. W. Engelmann, Leipzig (1908)
2. Brok, P.: Bakteriengemeinschaften im Darm. Spektrum der Wissenschaften. 1(12), 19–21 (2012)
3. Davies, O.L.: Design and analysis of industrial experiments. Oliver & Boyd, Edinburgh (1967)

4. Der Fischer Weltalmanach.: Der Fischer Weltalmanach 2005. Fischer Taschenbuch, Frankfurt a. M. (2006)
5. Fisher, R.A.: Statistical methods for research workers. Oliver & Boyd, Edinburgh (1925)
6. Kahnemann, D.: Schnelles Denken, langsames Denken. Siedler, München (2011)
7. Meeker, W.Q., Escobar, W.O.: Statistical methods for reliability data. Wiley, New York (1998)
8. Priestley, M.B.: Spectral analysis and time series. Academic, London (1981)
9. Rasch, D., Verdooren, L.R., Gowers, J.I.: Planung und Auswertung von Versuchen und Erhebungen. Oldenbourg Wissenschaftsverlag GmbH, München (2007)
10. Tonelli, G., Wu, S.L., Riordan, M.: Der lange Weg zum Higgs. Spektrum der Wissenschaften. **11**(12), 54–61 (2012)
11. Wiener, N.: Generalized harmonic analysis. Acta Math. **55**, 117–258 (1930)

Die Statistik hat eine lange Geschichte. Es gab sie schon in ferner Vergangenheit und es gibt sie noch heute. Sie hat zwar in der Allgemeinheit einen schlechten Ruf und man zweifelt ihre Ergebnisse gern an, trotzdem wird sie heute mehr denn je gebraucht und angewendet.

Die beschreibende Statistik gab es schon in der sehr weit zurückliegenden Vergangenheit, wie aufgefundene Relikte und Schriften zeigen. Die mathematische Statistik entwickelte sich im 19. Jahrhundert und nahm im 20. einen enormen Aufschwung. In dieser Zeit wurden die bekanntesten und wichtigsten Methoden entwickelt. Heute wird sie durch die Möglichkeiten der Informatik enorm befruchtet und erfährt durch die häufig zur Verfügung stehenden großen Datenmengen eine neue Ausrichtung. Das Gedankengebäude der mathematischen Statistik bzw. der Stochastik beruht auf dem Gesetz der großen Zahl, einem universell geltenden Gesetz. Dieses liegt allen der sehr unterschiedlich erscheinenden statistischen Methoden zu Grunde. Das Anwendungsgebiet der statistischen Methoden ist breit, sowohl die Wiener Studenten mit der beabsichtigten Marktforschung als auch das CERN in Genf mit dem Nachweis des Higgs Bosons wenden sie an. Trotz der vielen Erfolge gibt und gab es immer wieder Vorurteile gegenüber statistisch gewonnenen Einsichten. Sie werden hauptsächlich durch die Unbestimmtheit ihrer Ergebnisse, also durch die in ihnen steckende unangenehme „Zufälligkeit" genährt. Und dadurch, dass ihre Schlüsse nicht für den Einzelfall allein gelten können.

Muss an statistischen Aussagen grundsätzlich gezweifelt werden? Im Vorangegangenen habe ich die Schlussweise der Stochastik in groben Zügen gezeichnet und gezeigt, dass ihre Anwendung, außer der mit dem Zufall behafteten Datenbasis, noch eine Menge von Abwägungen und Annahmen birgt. Vielleicht lässt sich das statistische Schlussfolgern ein wenig mit dem Spurenlesen vergleichen: Man muss wissen, welche Tiere es in der näheren

G. Härtler, *Statistisch gesichert und trotzdem falsch?*, Springer-Lehrbuch,
DOI 10.1007/978-3-662-43357-7_17, © Springer-Verlag Berlin Heidelberg 2014

Umgebung gibt und wie ihre Spuren aussehen. Man braucht mehrere Abdrücke, weil der einzelne Abdruck zu undeutlich ist. Sind diese Voraussetzungen gegeben, so lassen sich die beobachteten Abdrücke dem Verursacher meistens zuordnen. Dann ist die Identifizierung des Tieres möglich, auch wenn sie nicht zu 100 % „sicher" ist. Oder man vergleicht es mit dem Ergebnis eines Indizienprozesses. Auch dort gibt es keinen „Beweis" und trotzdem urteilt der Richter. Manchmal leider falsch.

Die Statistik hat einen schlechten Ruf, obgleich ihre Methoden und Resultate so dringend gebraucht werden, heute mehr denn je. Ohne Statistik wüsste man über manche Frage gar nichts. Richtig angewendet sind die Ergebnisse der Stochastik weder Kokolores noch sind ihre Methoden Hokuspokus, wie oft behauptet wird. Wird die statistische Datenanalyse sorgfältig genug durchgeführt, so kann man ihren Ergebnissen auch vertrauen. Allerdings bleibt wegen der nur fragmentarisch vorhandenen Information stets ein gewisser Rest an Unsicherheit, der bei Schätzungen durch den Vertrauensbereich und bei Tests durch das Signifikanzniveau bzw. den Fehler erster und zweiter Art, ausgedrückt wird. Leider lässt sich die zusätzliche und vielleicht viel größere Gefahr für falsche Schlüsse, die durch die oberflächliche Kenntnis und Anwendung statistischer Methoden entsteht, nicht quantifizieren. Hier hilft nur, das Niveau der Ausbildung auf diesem Gebiet zu verbessern, so dass sowohl der Empfänger der empirisch gewonnenen Ergebnisse, als auch derjenige, der sie erarbeitet, die möglichen Fallstricke und Tücken erkennen kann.

M. J. Moroney [1] schreibt in seinem Buch „Facts from Figures": „A statistical analysis, properly conducted, is a delicate dissection of uncertainties, a surgery of suppositions". Es ist dieser schwierige Umgang mit den Ungewissheiten, dessen man sich bewusst sein sollte und der heute durch die leicht gemachte fast inflationäre Anwendung der Statistik gelegentlich unterschätzt wird.

Literatur

1. Moroney, M. J.: Facts from Figures. Penguin Books Ltd., Harmondsworth (1951)

Sachwortverzeichnis

G. Härtler, *Statistisch gesichert und trotzdem falsch?*, Springer-Lehrbuch,
DOI 10.1007/978-3-662-43357-7, © Springer-Verlag Berlin Heidelberg 2014